青少年 科普图书馆

图说生物世界

与恐龙一起称霸地球的“活化石”

——裸子植物

侯书议 主编

上海科学普及出版社

图书在版编目(CIP)数据

与恐龙一起称霸地球的"活化石"：裸子植物 / 侯书议主编. 一上海：上海科学普及出版社，2013.4（2022.6重印）

(图说生物世界)

ISBN 978-7-5427-5602-2

Ⅰ.①与… Ⅱ.①侯… Ⅲ.①裸子植物亚门－青年读物②裸子植物亚门－少年读物 Ⅳ.①Q949.6-49

中国版本图书馆CIP数据核字(2012)第271696号

责任编辑 李 蕾

图说生物世界

与恐龙一起称霸地球的"活化石"——裸子植物

侯书议 主编

上海科学普及出版社

（上海中山北路832号 邮编 200070）

http://www.pspsh.com

各地新华书店经销 三河市祥达印刷包装有限公司印刷

开本 787×1092 1/12 印张 12 字数 86 000

2013年4月第1版 2022年6月第3次印刷

ISBN 978-7-5427-5602-2 定价：35.00元

图说生物世界

编 委 会

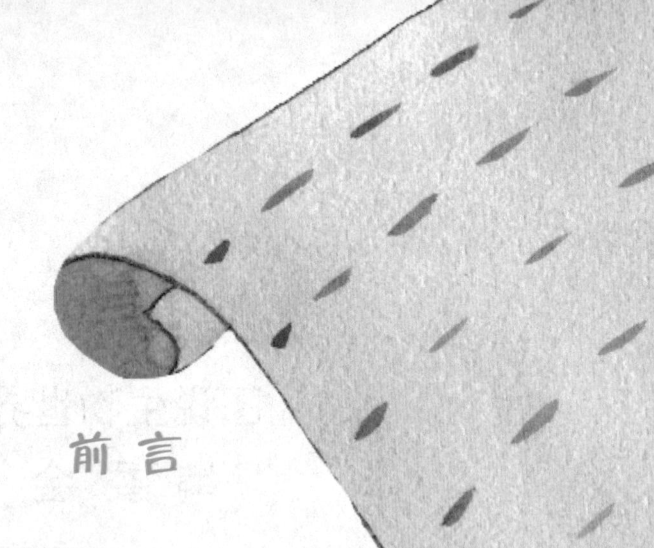

前言

裸子植物在植物界称得上是最长寿的。

它们中有“千年树妖”之称的铁树，可以活到一千多岁；有“森林之王”之称的贝壳杉，可以活到三千多岁；有“植物活化石”之称的银杏，甚至可以活到五六千岁。

裸子植物当中也有像多歧苏铁这样的隐士，虽然和恐龙出生在同一个时代，但是，直到近些年来才被人发现；有开路先锋一样的马尾松，可以使荒芜的山地变成茂密的森林；有三代果实同时挂在树上的香榧；有端庄秀美得像大家闺秀的金钱松；有雍容华贵得像皇后的雪松；有英姿飒爽得像将军的巨杉；还有像美男子一样的南洋杉……

因为它们的存在，世界更显丰富多彩。

裸子植物曾经和恐龙生活在同一个时代，在当时，它和恐龙一起称霸整个地球。虽然恐龙已经灭绝了，但是坚强的裸子植物却幸存了下来，并生活在你我的身边。可以说，裸子植物是这个生物大家庭中不可或缺的重要一员。

目录

裸子植物的家族史

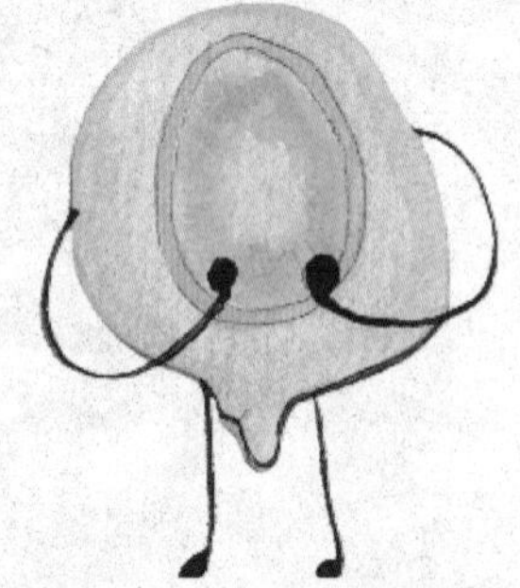

苏铁纲大家族

银杏纲大家族

松柏纲大家族

红豆杉纲大家族

买麻藤纲大家族

世界五大庭园树木

裸子植物对人类的贡献

裸子植物的家族史

关键词: 裸子植物、种子裸露、恐龙、活化石、蕨类植物、植物之王、裸子植物祖先、繁殖方式

导　读: 裸子植物最早出生在泥盆纪晚期,至恐龙时代达到鼎盛,其成员遍布陆地各个角落,堪称植物界的"活化石"。从生物进化角度看,任何一种生物都有一个漫长的进化阶段。那么裸子植物又是如何进化的呢?它的祖先是谁?它又依靠什么样的本领取代蕨类植物而称霸植物界?带着这些问题,让我们走进裸子植物的世界,一起探讨个究竟。

裸子植物名称的由来

每个人在出生以后，父母都会给他取一个响亮的名字。取什么名字是十分有讲究的，有的名字是按父母期望孩子未来发展的方向而取的，有的是按孩子出生时的天气而取的，有的是按孩子出生的日期而取的，还有的是按孩子出生时自身的特性而取的。

而裸子植物的名字又是根据什么来取的呢？

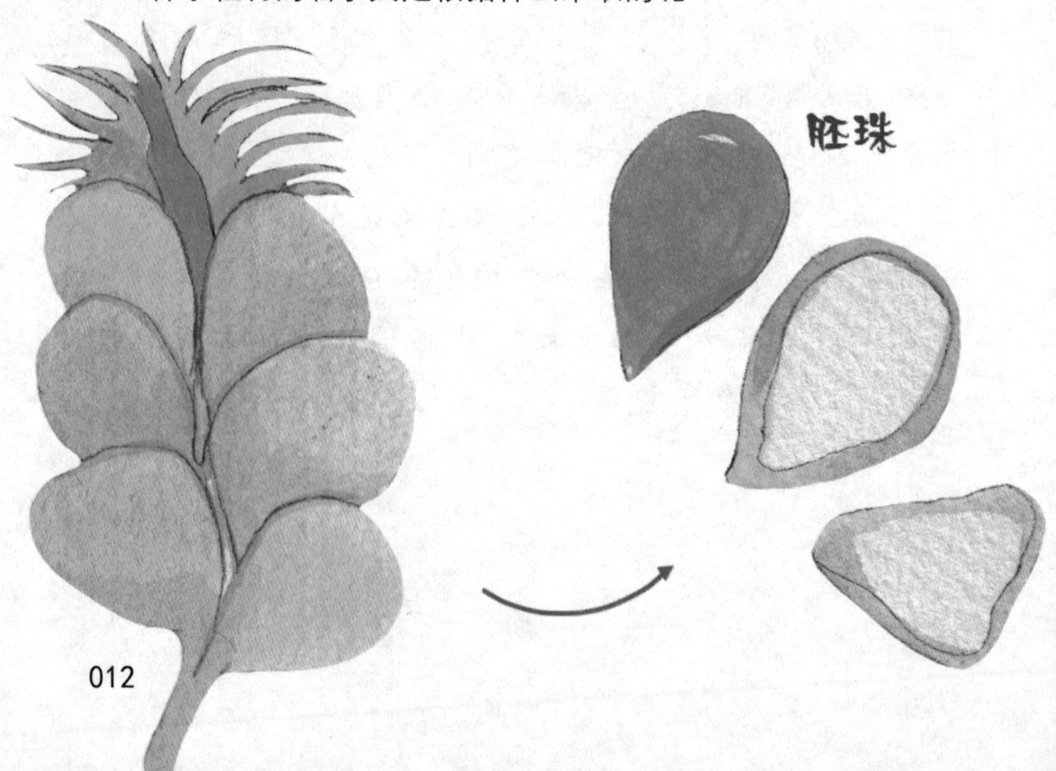

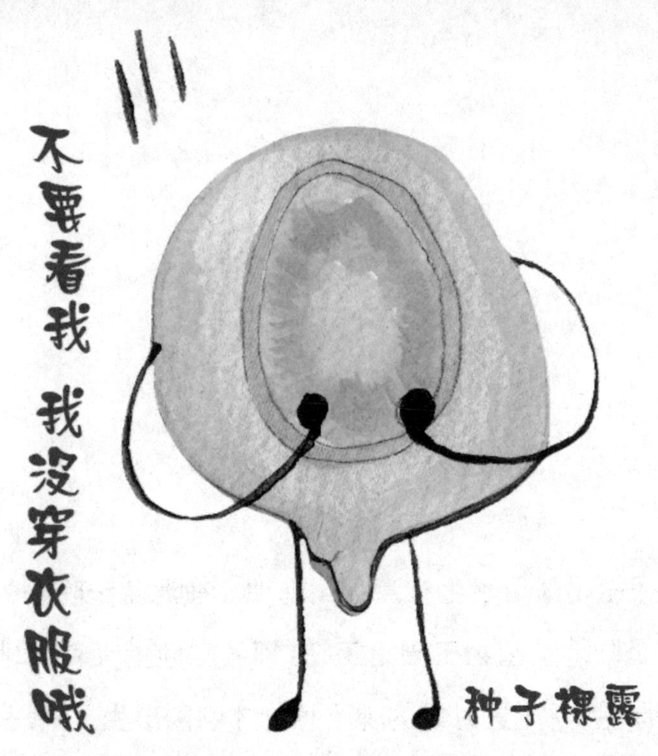

其实,裸子植物就是根据它自身的特点来取名的。“裸子”的意思就是“裸露的种子”。

裸子植物的种子和其他植物的种子有所不同的是:裸子植物的胚珠外面没有子房壁包被,所以就不能形成果皮,种子就只能裸露在外面,因而被称为“裸子植物”。

裸子植物可谓历史悠久,也是最原始的种子植物,能够依靠种子来繁殖后代,这是裸子植物相较于其他植物的一种繁殖优势。在远古时代,裸子植物遍布全球,在陆地上曾经盛极一时,并和恐龙生活在同一个时代,与恐龙一起称霸整个地球。恐龙早已灭绝但它至今仍遍布全世界,所以堪称“活化石”,在植物界有着国王的地位。

这个家族称霸地球到底有什么绝招呢?我们还要从裸子植物的祖先讲起。

裸子植物的祖先

裸子植物最早出生在泥盆纪晚期。在泥盆纪晚期的时候，蕨类植物才是陆地上植物王国之王，占领着陆地上大片的地盘，形成了很多的原始森林。这时候的裸子植物才刚刚出生，还算是个小不点，成不了什么大气候。

但是，谁能想到，就是这么个小不点，最后却夺取了蕨类植物王国之王的地位。

在蕨类植物统治陆地的时期，裸子植物一直没有翻身做主人的机会，但是裸子植物不甘心，一心想要出人头地。在它苦苦期待的时候，机会终于来了。

在二叠纪晚期，地壳运动比较活跃，古板块间的相对运动加剧，此时，陆地面积扩大，海洋面积缩小，导致地球的生态平衡急剧逆转。这时陆地上的气候逐渐变冷，并异常干燥。而蕨类植物不能够适应这种又冷又干燥的气候，有很多开始死亡了，最后蕨类植物变得越来越少。

与此同时，裸子植物的队伍却在不断地壮大，直到最后，裸子植物终于打败了蕨类植物，成为新一代的国王。

裸子植物为什么能打败蕨类植物呢？其实，在二叠纪晚期之前，蕨类植物之所以能成为陆地上最繁盛的植物，是因为它的繁殖能力非常强，有着能够产生大量孢子的孢子体。孢子可以随风飞散到各

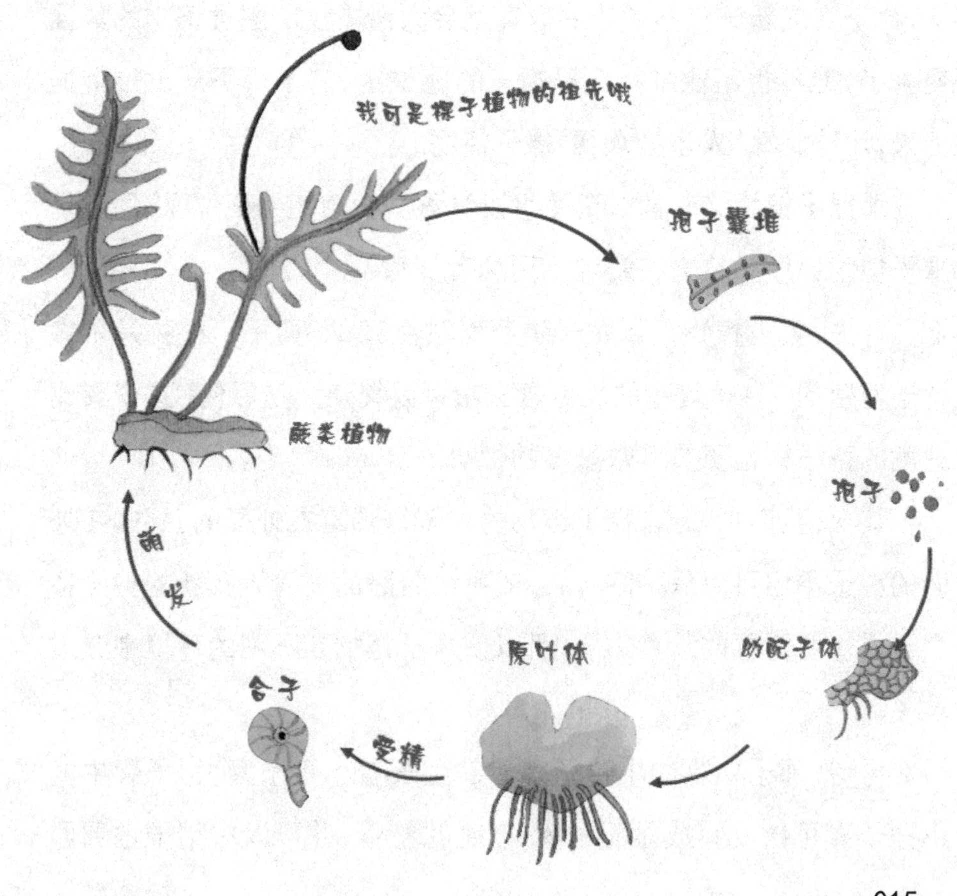

个地方，一旦遇到适合自己生活的土壤，就很容易萌发成可以独立生活的配子体。配子体在水的帮助下受精变成合子，合子再经过萌发，就变成了新一代的孢子体了。

但是在二叠纪晚期，适合蕨类植物生活的环境变了，导致孢子很难再发育成配子体，而配子体缺少水分，大多无法再受精形成合子，合子变成新一代孢子体的数量就会大量减少。蕨类植物的数量变少了，就再也不能维持自己国王的地位了，它不得不从王位上退下来，让给此时“人多势众”的裸子植物。

那裸子植物又有什么资格可以继承蕨类植物的王位呢?原因是裸子植物比蕨类植物在繁殖上更加有优势。

首先，蕨类植物是以孢子进行有性生殖的，而裸子植物是依靠种子繁殖的。种子繁殖的优点是一次可以繁殖大量后代。这个要比蕨类的孢子繁殖更具有数量多的优势。

其次，我们都知道，裸子植物的种子是裸露在外面的，裸露在外面的种子不但可以保护胚，而且还可以给胚的发育以及新的孢子体生长提供所需要的营养物质，可以使裸子植物在不利的环境中渡过难关。

再者，裸子植物的小孢子叶背部生长着小孢子囊，孢子囊中的小孢子囊可以发育成雄配子体，产生花粉管，并可以将精子送到卵

子所在的部位。相对于蕨类植物来说，摆脱了水对受精作用的限制，使得裸子植物比蕨类植物更能适应在陆地上生活。

上述几点，正是裸子植物取代蕨类植物成为植物国王的重要因素，也符合自然界的“优胜劣汰”法则。

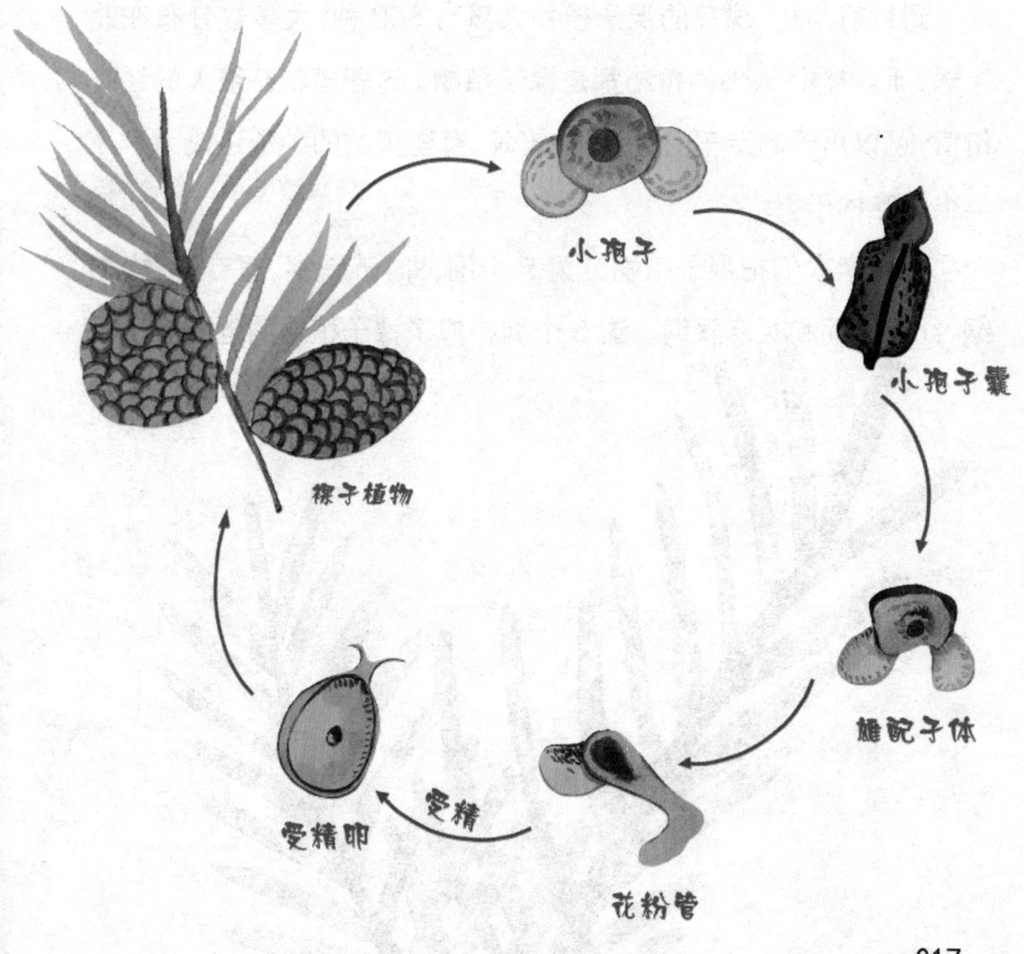

有一句谚语说的是：风水轮流转，今日到我家。裸子植物也不是一直能够当国王的。在白垩纪晚期的时候，自然环境再次发生了翻天覆地的变化，裸子植物开始衰退，数量变得越来越稀少了，这意味着它必须让出王位。从此，裸子植物的时代一去不复返了。

到目前为止，现存的裸子植物大概有 800 种，大多数分布在北半球，而森林中 80%的植物都是裸子植物。这些植物有很大的经济价值，可以用于制造车船，用于建筑等，有些植物的种子还成为了人类很爱吃的干果。

生物学家们把裸子植物分为 5 个纲，即：苏铁纲、银杏纲、松柏纲、红豆杉纲和买麻藤纲。这 5 个纲构成了裸子植物的世界。

苏铁纲大家族

关键词：苏铁纲、千年树妖、铁树、恐龙时代、隐士、多歧苏铁、美叶凤尾蕉

导　读：苏铁纲属于裸子植物的一个分支，在苏铁纲家族中有很多植物都有很显著的特征，比如有铁一般密度大的铁树，树身能够沉入水底；又如生在恐龙时代的多歧苏铁，被誉为植物界的“大熊猫”；而南美铁树，还有一个美丽的名字叫“美叶凤尾蕉”，足见此树令人美不胜收。

苏铁纲家族小简历

苏铁纲大家族是比较古老的一族，出生在二叠纪和晚石炭世，到了中生代的侏罗纪时期，家族比较旺盛，并和恐龙生活在同一个时代。不过，到了白垩纪，地球环境发生了变化，苏铁纲大家族也随之开始衰败，直到今天，留下来的只有 1 目，1 科，总共 10 属，大概 110 种。

现存的苏铁纲物种主要分布于亚洲、美洲、澳洲及南非的热带及亚热带地区，其中 4 属产美洲、2 属产非洲、2 属产大洋洲、1 属产东亚。中国仅有铁树属 1 属 8 种。

可是，你知道它们都长什么样子吗？苏铁纲家族的树干都很粗壮，像是一个大圆柱。叶子呈螺旋状有序地排列在一起，长着小小的鳞叶和大大的营养叶，为雌性异株。

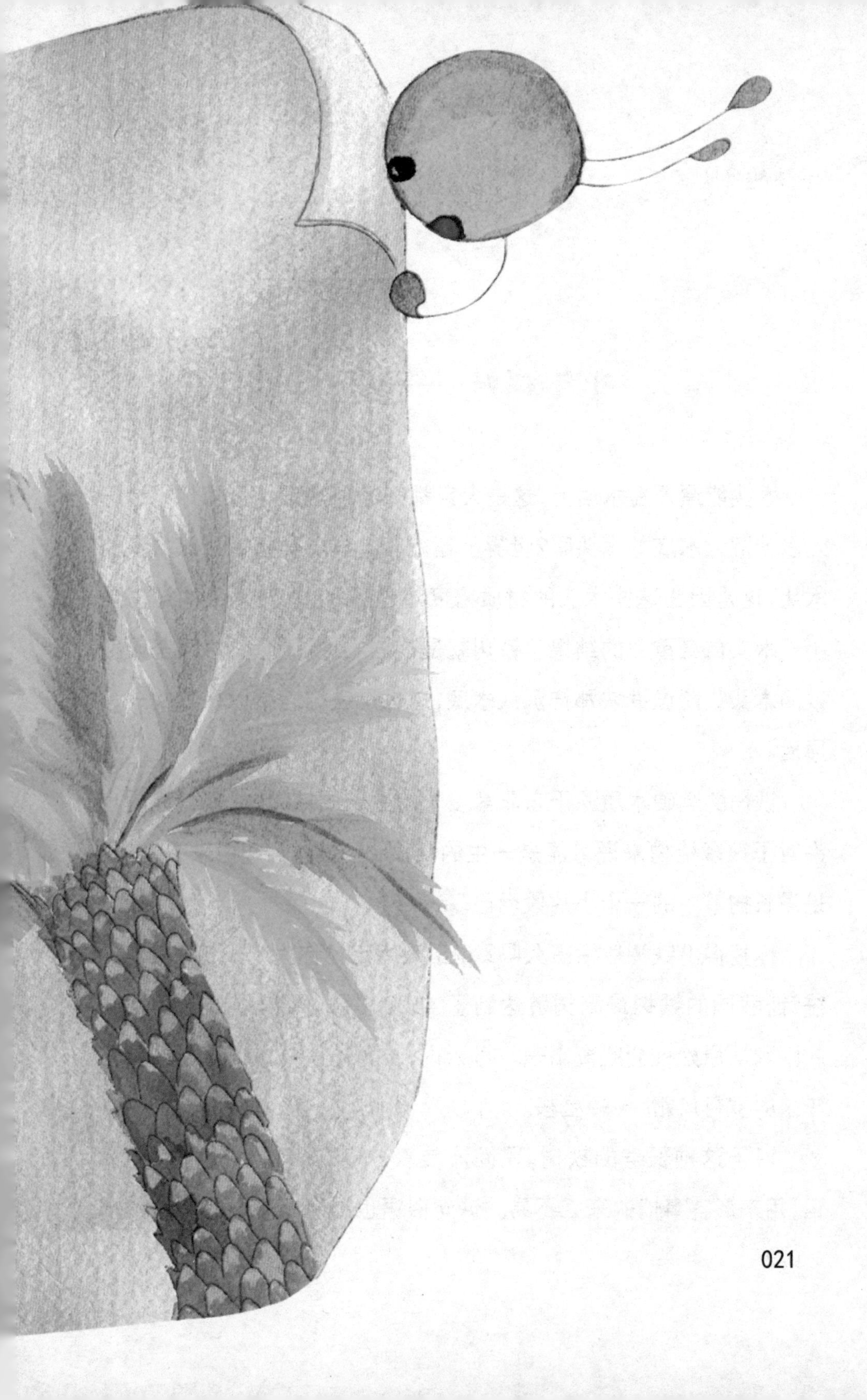

千年树妖——铁树

木头能漂浮在水面上，这是大家都知道的常识。可是，你见过一入水就沉入水底的木头吗?世界上还就有这样一类喜欢沉入水底的木头，这是因为这些木头的材质密度超过了水，水对木头的浮力要小于木头自身重力的结果。铁树就是这样一种沉甸甸、木质坚硬似铁的木头。能像铁块那样沉入水底，这也是铁树之所以得名的一个原因。

铁树的坚硬木质源于它非常漫长的生长周期，数十年的光阴也许对于很多植物来说可能是一生的长度，但是对于铁树来说，它只是漫长树龄中的一个小片段而已。

你猜得出铁树能活多久吗? 说出来肯定让你大吃一惊! 目前据统计，我国的铁树最高树龄达到了 4000 多岁，那时候的人类社会才刚刚从原始社会脱离出来。可以说，长寿的铁树见证了中国数千年来的岁月风霜、斗转星移。

对于这种长寿的铁树，民间流传着一句“千年铁树开花”的谚语，用来形容事情的来之不易。这句俗语也折射出来一个有趣的现象，就是铁树开花次数极少。原本，铁树是可以开花的，只不过因为它生长得比较缓慢，一般情况下，10 年以上才有可能会开花。因此，默默无闻的铁树，极少有人能够注意到它开花。而且在较为寒冷的北方地区，习惯了温暖气候的铁树，开花更加不易，也更为罕见。

不过，铁树并非这么一直吝啬展示自己的美丽。在中国的南方，人们每年都能看到铁树开花！这是因为南方拥有很适合铁树生活的环境，有了这种良好的环境，它就能年年开出花朵，花期甚至可以长达 30 天左右。

目前，铁树家族的成员不仅生活在南方，还广泛分布在中国的其他地方。铁树从南方到北方的迁移，跟一位大文学家——苏轼的引种密不可分。

这里面还有一段传奇故事：苏轼又名苏东坡，是宋朝一位著名的文学大家，由于他为人刚正不阿、仗义执言，为官的时候被朝中的奸臣视为眼中钉。

后来，苏轼被奸臣陷害，贬官到了海南岛。在海南岛的时光里，苏东坡受到了当地百姓的拥戴。在那里，苏轼见到了铁树。有感于铁树坚贞不屈的品格，苏轼十分珍爱这种植物。当苏轼离开海南岛返回中原的时候，就把铁树带到了北方。因此，铁树又被人们尊称为“苏铁”，并且“坚贞不渝”也成为人们对铁树的评价。

铁树不仅质地像金属铁那样坚硬，而且生长中还喜欢拿铁当做“营养餐”。其实,在大地的土壤中，铁元素是植物生长不可或缺的一种物质，大部分的植物都需要摄入这种元素。不过,与大家拿铁元素当“零食”佐餐不同,铁元素对于铁树来说,可以称得上是顿顿不能离的“正餐”。

正因为铁树偏爱铁元素这种口味，也让很多人在种植铁树的时候，会刻意地给它添加点“铁餐”补补。很多人会在铁树的根部埋上一部分铁粉,增加它的营养;也有人用更简单的办法“补铁”:钉钉子。如果你看到有人给铁树上钉铁钉,你千万不要觉得大惊小怪,也不要认为他是在搞破坏。其实,这是人们在给这个喜欢重金属口味的植物补充营养呢。

恐龙时代的隐士——多歧苏铁

如果穿越时光的隧道回到远古的侏罗纪，那时候恐龙还是统治着整个地球的动物霸主，而我们这位植物家族的先行者——多歧苏铁也已经遍布整个地球了，那时候的它，可算称得上是裸子植物王国中的元老级人物。

随着时间的推移，曾经风光无限的百兽之王恐龙消失了，成为埋藏地下的化石。可命运之神却让多歧苏铁幸免于难，神奇地隐居下来，最终又被人们发现，得以重见天日。

翻开多歧苏铁的“履历”，我们发现最早的多歧苏铁出生于 2.8 亿年前的古生代，到了 1.8 亿年前侏罗纪时代的时候，它和恐龙家族一起达到了繁盛时期，这可是多歧苏铁家族最风光的时候，那些体型巨大的食草恐龙以多歧苏铁充饥果腹，食肉恐龙、小型恐龙在多歧苏铁的树荫下穿行，多歧苏铁是组成当时森林的重要植物种类之一。

可惜好景不长，到了第四纪冰川之后，由于气候等因素的剧烈变化，大多数的多歧苏铁和恐龙一样难以适应，相继灭亡了。

在此后的漫长岁月中，人们再也没有发现多歧苏铁的踪迹，它那抹绿色似乎永久地从地球上消失了。1975 年，世界植物研究机构的工作人员怀着沉痛的心情宣布：多歧苏铁已经在全球彻底灭绝。这使很多植物学者多年的追寻成了泡影。

然而，命运之神似乎在故意捉弄那些对多歧苏铁苦苦追求的植物学者们，就在人们还沉浸在世界上又少了一种植物的悲伤之中的时候，一个惊人的发现却让世界范围内的植物学家们兴奋不已。

20 世纪 90 年代，一个偶然的机会，多歧苏铁再次重现江湖。原来多歧苏铁并没有灭绝，而是隐姓埋名生活在中国云南省红河州的热带雨林里。它的发现像是一个惊雷，在植物界炸响了，引得很多的植物学家前来参观研究。

多歧苏铁，这位跟恐龙齐名的植物王国的隐士，一隐便是一两亿年，让仰慕它的植物学者们找得好苦啊！1996 年，多歧苏铁的形象还登上了我国发行的植物邮票，成为收藏爱好者、植物研究者追捧的珍品。

而今，这位植物界的“大熊猫”——多歧苏铁存活的数量已经十分有限，因此，这位身材修长、树冠美丽的谦谦君子——多歧苏铁，已经被列为国家一级保护植物，享受上了大熊猫般的国宝级待遇，希望它的家族在人类的呵护下能够生生不息。

美叶凤尾蕉——南美铁树

铁树是裸子植物中资历最老的种类之一，由于它们家族经历了太久的岁月风霜，很多成员都在物种进化的过程中销声匿迹了，曾经人丁兴旺的大家族现在已经变得人单势孤，就拿中国的铁树来说，它在世界上其他地方的亲戚少之又少，在广袤的南美大陆生活的南美铁树就是中国铁树远亲中最著名的一个。

与我国的铁树修长的树干、纤细的羽毛状叶片不同，这个南美的近亲可是长得相当粗犷彪悍，它的叶片肥大宽阔，颜色也更深，羽毛状的排列让它看起来很像凤凰飘逸的尾巴。而且它的树干也更加粗壮，叶子脱落后会在树干上留下来一个个“疤痕”，诸多的叶柄痕迹让树皮变得更加坚硬，更像一个全副铠甲、孔武有力的战士。

最有趣的要数南美铁树的根部，它是圆球形状的，一半在泥土中，一半露在外面，褐色的树皮包裹着，里层还有点绿色透出来，圆滚滚的模样极像一颗香甜美味的大菠萝。在伸出土外的根顶端，整整齐齐地长着一圈嫩绿色的叶片，它是铁树幼小的萌蘖，如果遇到合适的土壤环境，它就会自己另立门户，成为一株新的南美铁树了，这也是人们移栽南美铁树的常用方法。

这种嫩叶一开始是蜷缩着、合在一起的，随着嫩芽的慢慢生长，它原本嫩绿的外衣逐渐变得颜色深了，原来合在一起的两片叶子也分开来了，像一个睡醒了的小孩子一样伸展开了身体腰肢，每当清风吹拂的时候，南美铁树那新生的尖尖叶子像一丛小矛枪，如果你伸手去摸，可能会被它扎疼的，它那昂起的叶片仿佛在说，不要轻易靠近呦，我可不是好惹的。

银杏纲大家族

关键词:银杏纲、银杏、植物活化石

导　读:银杏纲是银杏类植物的统称。第四纪冰期后,银杏纲植物在中欧、北美等地全部绝灭,现该纲仅存一种即银杏,仅分布于中国浙江省天目山。是一种典型的孑遗植物。即指绝大部分该纲物种由于地质地理气候变迁等原因灭绝之后幸存下来的古老植物。被誉为植物活化石。

银杏纲家族小简历

银杏纲的植物最早出现在晚石炭世，在晚石炭世的时候，它的同伴还十分稀少，但是到了侏罗纪和白垩纪的时候，它的同伴遍布陆地。在这两个时代里，这个家族的成员在欧亚北美大陆的温带地区达到了鼎盛。

不过，有鼎盛的时候，也必将有衰败的时候，因此，在第四纪冰期之后，银杏纲的植物在北美、中欧等地相继灭绝，幸存下来的，只有银杏一种。幸运的是，这种银杏就生活在中国浙江省的天目山上。

现在所能看到的其他银杏纲的物种都成为了化石，最古老的一种银杏类化石是在法国南部发现的，其所生活的历史年代在距今2.7亿年左右的二叠世。

此外，关于银杏的分类也曾有过波折。19世纪的后半叶，植物学家因银杏的种子与松柏类的植物种子非常相似，把银杏划分到松柏纲下的紫杉科。

后来，随着分子生物学的发展和大量化石的发现，银杏被直接提升为纲，称银杏纲。

我是在距今2.7亿年左
右的二叠纪出生的哦!

植物活化石——银杏

银杏可是裸子植物家族中的老前辈了，它最早出生在3.45亿年前的石炭纪，在那个时候，银杏的家人遍及北半球的欧洲、美洲、亚洲等地。到了侏罗纪时代，银杏生长得更加茂盛了，几乎遍及整个北半球。不过，到了白垩纪晚期，银杏开始衰败了。祸不单行，就在地球上发生了第四纪冰川运动之后，地质地理都发生了变化，地球气温急剧下降，变得异常寒冷，导致了绝大多数的银杏类植物开始灭绝。由于中国的环境条件比较优越，所以生活在中国的银杏树才奇迹般地存活了下来，而在欧洲、北美洲和亚洲大部分地区的银杏树都灭绝了。因此，银杏成为继第四纪冰川运动之后，遗留下来的最古老的裸子植物，堪称植物界的“活化石”，也被称为“植物界的熊猫”。

银杏是裸子植物家族中的先驱，因此，它的身上有很多独特的特性。比如，它的叶子十分有特点，呈扇形，远远地望去像是一把精致的小扇子；叶脉为二歧状分叉叶脉，这些特点在裸子植物中是特有的，但是，这在蕨类植物中却是很普遍的。这也从另一个侧面证明了银杏是一种比柏树、杉树、松树等更为古老的裸子植物。

银杏树的树干挺拔高耸，笔直的身姿像是植物王国的一个哨兵。在幼小的时候，银杏树的树皮比较光滑，为浅灰色，长大之后，它的颜色会逐渐加深变成灰褐色。银杏树的生长十分缓慢，一般从出生之后，20 多岁的时候才能结果。

银杏的寿命极长，堪称树中的“老寿星”，在中国可以找到 3000 年以上的银杏树。在素有古银杏树王国之称的贵州省，有着世界上最大的银杏树，树龄有 5000~6000 年，身高达到了 50 米，相当于十几层楼房的高度，它粗壮的根茎足足有 5.8 米长，需要 13 个人围起来才能抱着它的胸径。不过很可惜，这棵银杏树的一代树已经死亡了，它的心也变空了，活着的是它外围的二代树。当地人已经为该树申请了世界最大银杏树的吉尼斯纪录。

银杏树的果实是橙黄色、椭圆形的。在秋天到来的时节，这些可爱的果实挂满了银杏树的枝头，很像许许多多的白色小葡萄，银杏的果实因此也被称为白果。银杏树一般会在每年的4月开花，种子在10月成熟。自古以来，中国就有吃白果可以延年益寿之说，所以在宋朝的时候，白果还被列为皇家贡品。不仅中国人喜欢进食白果，西方人也很喜欢吃这种白果，在每年的圣诞节到来的时候，白果就成为了他们的必备食品。

白果虽然很好吃，却含有毒性很强的氢氰酸毒素。如果生着吃，会引起食物中毒。一般在吃10~50颗生白果，就有可能中毒，但不会当场中毒，而是在吃下去1~12个小时之后才会有中毒的感觉。因此，在吃白果的时候，最好煮熟后食用，煮熟之后的白果毒素会变小很多。

银杏喜欢生活在环境条件比较优越的亚热带季风区，喜欢带有酸性的黄壤或黄棕壤土壤。我国的很多地区土壤和气候条件比较适合银杏树的生长，中国的贵州、河南、山东、河北、江苏、湖北等地都有大面积的银杏种植。可以说，中国的银杏树不仅扮靓了中国的大自然，而且中国银杏的挺拔身姿还出现在了世界的许多国家，比如在美国、法国等地看到的银杏树，大多都是从我们中国引进过去的品种呢！

松柏纲大家族

关键词：松柏纲、银杉、雪岭云杉、水杉、马尾松、长白松、百山祖冷杉、白皮松、龙柏、贝壳杉、大别山五针松、秦岭冷杉、侧柏、落叶松、柔毛油杉、太白红杉、短叶黄杉、红桧

导　读：松柏纲是裸子植物门中最繁盛的一族，其数目最多、分布最广。现代松柏纲植物有**44**属，**400**余种。

松柏纲家族小简历

松柏纲最早出生在晚石炭世。在当时，松柏纲的植物进化还不够完善，类型比较单一，以瓦契杉为主。随着时间的推移，到了中生代早期世，松柏纲开始了翻天覆地的进化，直到晚侏罗纪或早白垩纪达到进化的顶峰。随后，这个家族又开始衰败，古生代松柏纲的一些植物逐渐灭绝。不过，在裸子植物中，松柏纲植物是数目最多、分布最广的一个家族。

松柏纲的植物在南北两个半球都有分布，以北半球温带、寒温带的高山地带为主。中国是松柏纲植物最古老的发源地，有着最丰富的松柏纲植物。全世界现有松柏纲植物 44 属，400 多种，其中中国有 23 属、150 多种，而且还有一些特有的属、种和第三纪孑遗植物，是其他国家所不具有的。

它们大多是常绿植物，主干比较发达，很多都是单叶乔木，叶子有很多形状，如针形、刺形、线形、鳞片形或披针形。叶子在枝干上大多以螺旋状或假两列状排列，亦有少部分的叶子以交互对生或者轮状排列。

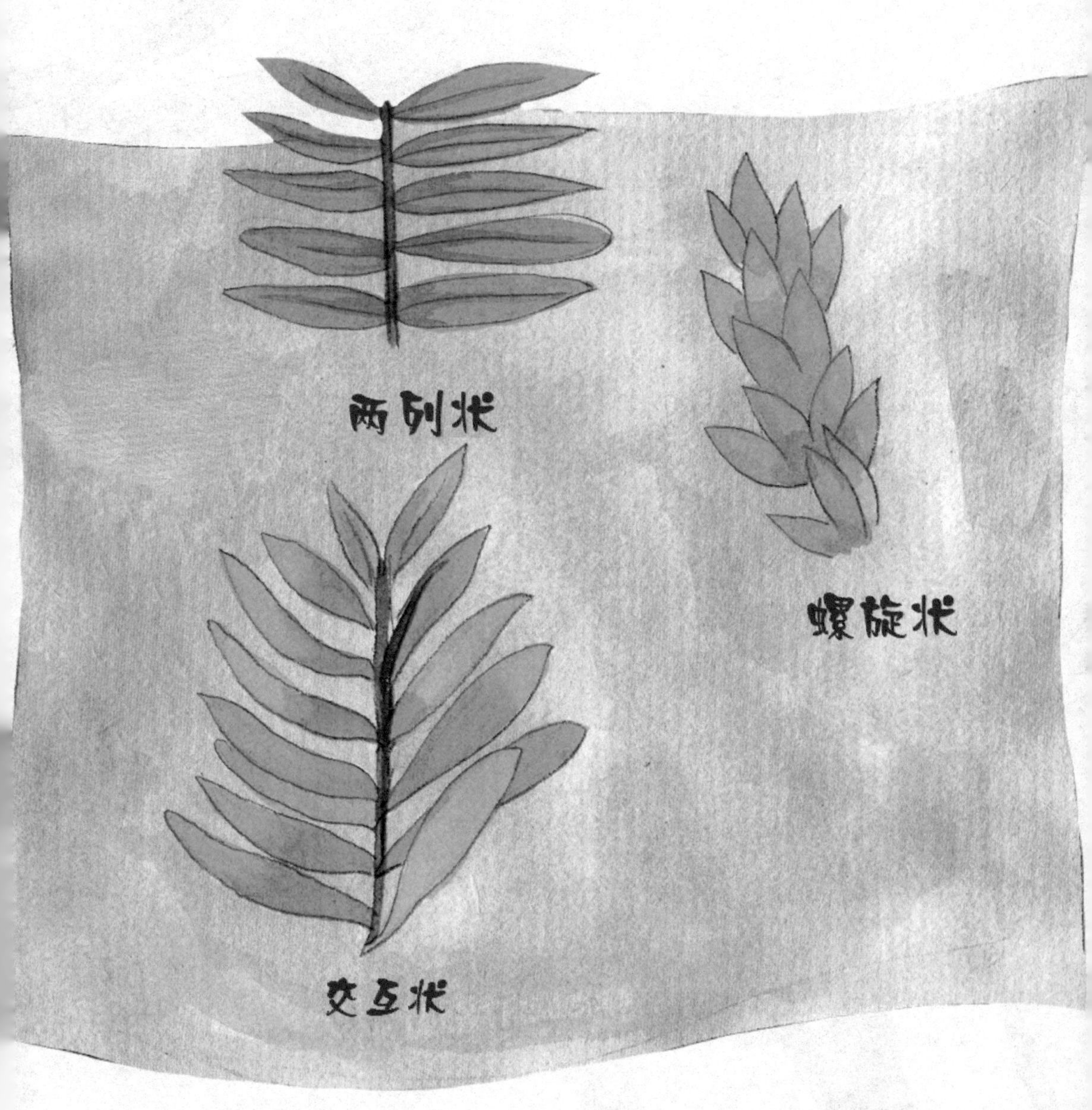
两列状
螺旋状
交互状

历史的见证人——银杉

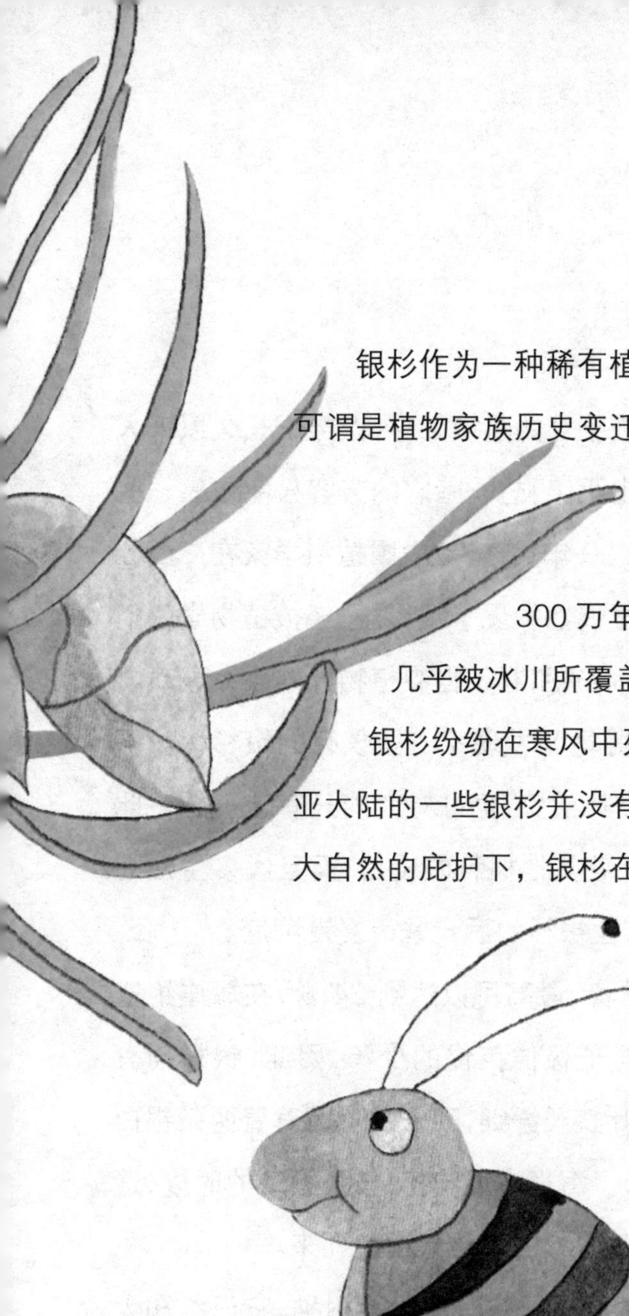

银杉作为一种稀有植物,从远古一直存活到现在,可谓是植物家族历史变迁的见证人。在新生代的第三纪时期，银杉曾经遍布于北半球的欧亚大陆。在距今有300万年的第四纪冰川运动后，地球几乎被冰川所覆盖,绝大多数喜欢温暖气候的银杉纷纷在寒风中死去。但幸运的是,生活在欧亚大陆的一些银杉并没有遭遇到强大的冰川覆盖。在大自然的庇护下，银杉在这些地方顽强而侥幸地存活了下来。这些坚强的孑遗植物，大多生活在崇山峻岭的悬崖峭壁之间、土壤植被贫瘠的山顶等险恶环境中，虽然生存条件艰难，但是借助这些天险的屏障,银杉也成功地躲过了人类的刀斧之灾,在漫长的岁月

里隐居下来。

由于银杉家族隐藏在人迹罕至的险境之中，以至于长久以来人们一直认为银杉已经从地球上灭绝，想一睹它的芳容只能依靠一些残存的银杉化石。但20世纪50年代，一位中国植物学家在广西壮族自治区龙胜县的深山老林里偶然发现了银杉。已经被植物学家们宣布灭绝的银杉还活着，这条消息引起了世界植物界的巨大轰动。

此后，人们在湖南、四川等地又发现了一些仅存的银杉树。不过，现有的银杉树数量已经极其稀少，全世界大约只有上千棵。此外，银杉的生活环境不仅面临着其他树种的侵占，而且大多生活在悬崖峭壁等险恶的条件下，这让银杉的后代繁衍岌岌可危。

银杉树挺拔高大，四季常青，最高可以达到24米，在悬崖绝壁之巅迎风矗立，风度翩翩的样子极像英俊的少年，因此，银杉树有"杉公子"的美称。银杉的树叶狭长纤细，叶子的背面有着两条银白色的条纹，这是银杉的气孔带。每当微风吹拂，枝条颤动的时候，远远望去，银杉闪耀着一片银光，银杉的雅称也由此而来。

号称"杉公子"的银杉，还是我国特有的珍稀树种，它已经和大熊猫一样被列为国家一级保护植物，享受"国宝"级别的优待。科学家们也在积极研究银杉的保护和人工引种工作，希望这位裸子植物家族的翩翩公子能够在我们祖国的大地上生活得更好。

天山上的来客——雪岭云杉

在茫茫的中国大西北地区，巍峨的天山群山中有这样一位植物家族的神秘成员——雪岭云杉。它们有着挺拔伟岸的身姿，树木高达 60 米左右，几乎与白云牵手；它们的树龄很多在三四百年以上，粗壮笔直的树干直插云霄；它们的树冠高耸入云，像一柄柄收拢起来的巨伞一般。雪岭云杉们肩并肩、手挽手，绵延不绝，成为天山上一道绿色的长城。

雪岭云杉所属的云杉家族是中国特有的植物。看起来坚强不屈的云杉家族其实身世颇为坎坷。科学家根据现在已经发现的云杉化石推断，云杉以前在美国、日本等地也有生长。最初，云杉是生活在高海拔的山上的，但是到了第三纪末、第四纪初的时候，全球气候逐渐变冷，云杉再也无法适应高海拔的山地了。为了生活，它就逐渐从高山上将家搬到低海拔的地区生长了。有了良好的生活环境，云杉的种类逐渐地由单一变得种类繁多了。

可是，后来气温开始回升，云杉刚刚适应的环境再次发生变化，不能适应新环境的云杉便相继死去了，侥幸活下来的已经变得越来

越少了。直到今天,存活下来的云杉大多分布在中国的青海、甘肃、陕西等地。

据科学家的研究表明，雪岭云杉在四千万年前从遥远的青藏高原搬家到这里，最终成为守护大西北天山最壮观的森林。

习惯了在逆境中生活的雪岭云杉是植物家族中有名的“树坚强”,即使在最恶劣的环境中也能将根深深地扎到泥土中,身躯昂然屹立。云杉的根系十分发达,在雨水稀少的西北地区，它发达的根须能够在岩石的细小缝隙中收集雨水,日久天长,云杉顽强的根部甚至能将岩石穿透,将阻碍根部的石头裂开。一棵这样的雪岭云杉简直就像是一个微小的水库，一株成年的云杉树能贮藏的水分达到 2.5 吨。而且,云杉在涵养水分的同时,释放体内水汽的能力也相当强,它甚至要比相同面积的、同纬度的海洋要多释放出一半的水汽。郁郁葱葱的雪岭云杉林释放的水汽升腾化成云团，云又降落地面,完成一个水的封闭循环。

可以这么说，广袤的云杉林是西北地区水资源的重要屏障。

植物界的大熊猫——水杉

大家一定喜欢看关于恐龙复活的电影，不过这些银屏上活灵活现的恐龙形象只是人们在虚幻世界里面的想象，真的恐龙到底是什么模样，人们都不得而知了。

同样，水杉曾经也是这样一种被科学家们认定已经灭绝、只存在于化石中的植物。

水杉最早出生在 1 亿多年前的白垩纪时期，它的出生地在北极圈附近，随后它的族人便迅速占领了整个北半球，那时候水杉家族的势力范围很广，而今在格陵兰岛和欧洲、亚洲和北美洲的许多地方都发现过水杉的化石踪迹。可以说，水杉家族当年和恐龙一样在地球上盛极一时。

当时，北极并不是像现在那样处处覆盖着冰雪，而是由于后来地质变迁、气候变化，才导致如今北极的极度寒冷。水杉再也不能适应北极非常寒冷的天气了，就逐渐往气候温暖的南部迁移。不能迁移的水杉逐渐被冰川覆盖，成为了化石。

不过跟恐龙的命运不同的是，水杉并没有真正从地球上消失

掉。它的族群隐居在中国的一个角落中数千万年，直到 20 世纪 40 年代被踏破铁鞋的人们再次发现，水杉又从化石中走到现实中，上演了植物家族的“复活”好戏。

1943 年，一位中国植物学家经过四川万县磨刀溪镇，发现了三棵以前从来没有见过的奇特树木。它们的树干笔直挺拔，树枝和叶子在树干上斜伸出去对称生长，整棵大树犹如一座高大的宝塔。它们的叶子柔软细长，十分秀美，像鸟类的羽毛一样漂亮，枝叶疏朗、

树形清秀。由于不能断定它们的身世，这位植物学家采集了树木的标本带回去研究。

到了 1946 年，两位植物学家——胡先骕、郑万钧经过反复研究，认定这种神奇的树木就是消失了数千万年、已经被宣告灭绝的珍稀裸子植物，并且给它起了一个美丽的名字——水杉。

1948 年，胡先骕和郑万钧正式向世界宣告水杉的“复活”。

水杉复活的消息震惊了当时的世界植物界。重新“苏醒”过来的水杉从深山老林中渐渐走了出来，它子孙的足迹又向它祖先曾经涉足过的地方进发。

由于水杉跟中国的国宝级动物大熊猫一样珍稀，因此，水杉也经常被当做国礼，承担起向世界各国传递中国人民的友谊的重任。

1948 年，第一批水杉的种子远涉重洋又重新踏上了数千万年前它祖先生活的美洲大陆，并且散布到欧洲等国家。此后，又有五十多个国家从中国引种了水杉到他们国家安家落户。重获新生的水杉受到了各国人民的喜爱，美国前总统尼克松还将水杉作为他私人游艇的名字。

如今，世界各国的人们都能看到这种挺拔秀美、高雅脱俗的中国水杉。每到秋天，水杉翠绿的叶子都会染上棕红的色彩，在秋日的阳光下分外漂亮，成为扮靓了世界的一道风景线。

开路先锋——马尾松

马尾松是一种在我国十分大众化的裸子植物，无论是荒山、林地，还是城市公园，许多地方都能看到它挺拔雄伟的身姿。马尾松的叶子形状十分特别，尖尖的、又细又长，就像是一根根绣花针，当微风乍起的时候，马尾松的枝叶迎风摇曳，吹散的枝条活像一条条骏马的尾巴，马尾松也因此有了这个形象生动的名字。

在裸子植物家族里，马尾松可是出了名的钢铁战士，它能在艰苦的环境扎根生长，是改造荒山和恶劣自然环境的先锋。马尾松能够在贫瘠恶劣的环境中生存，这是跟它在与自然环境斗争中练就的特殊本领是分不开的。它的叶子就是秘密武器之一，因为它的叶片狭窄细长，而且角质层比较厚，这就减少了树叶内部水分的散失，这让它能在极度干旱的环境中立足。

此外，马尾松的根系比较发达，对生活的土壤要求不严格，不怕旱，也不怕涝，适应能力十分强，不管是贫瘠干旱的沙土、石砾土壤环境，还是陡峭的岩石缝，它都能顽强地扎下根，仅仅吸收岩石缝隙深处的水分，就够支撑幼小的树苗长成挺拔伟岸的大树。

即使在恶劣的环境中，马尾松还能保持较快的生长速度，一般生长 20 年，可以高达 10～15 米；三四十年的马尾松就能长成高达 30 米的大树，遮天蔽日，蔚为壮观。有这样一句农家谚语来形容马尾松的生长速度：“三年不见树，五年不见人。”意思是说，头三年长得慢些，五年之后它就会疯长个子。马尾松的寿命一般可达三百多岁，也是一种长寿的树种。

正是由于马尾松有这么多的优点，它往往成为人们植树造林的首选树种，充当荒山造林的开路先锋。在马尾松家族成员的努力下，很多原本寸草不生的荒山最终都变成了树木茂盛的森林。

马尾松不光能够美化环境，它浑身上下都是宝，可以给人类的生活贡献很多有价值的产品。马尾松的木材高大挺直，是建筑房屋的“栋梁之材”；马尾松的木材还有较高的油脂，极耐水湿，因此还是很好的制造木船的材料，在中国传统的造船业里还有“水中千年松”的说法；它体内含有木质纤维较多，还是现代造纸的好原料。马尾松体内含有的油脂是一种重要的化工原料，我

们生活中很多地方都离不开它。比如：松香是许多轻重工业的重要原料；松节油可合成松油，加工树脂，合成香料，生产杀虫剂；人人都使用的肥皂，有一部分就是用马尾松的松籽制作而成的；就连它的根，都能用来提炼松焦油。

怎么样，这看起来普普通通的马尾松是不是浑身都是宝，为了人类的美好生活鞠躬尽瘁了呢？

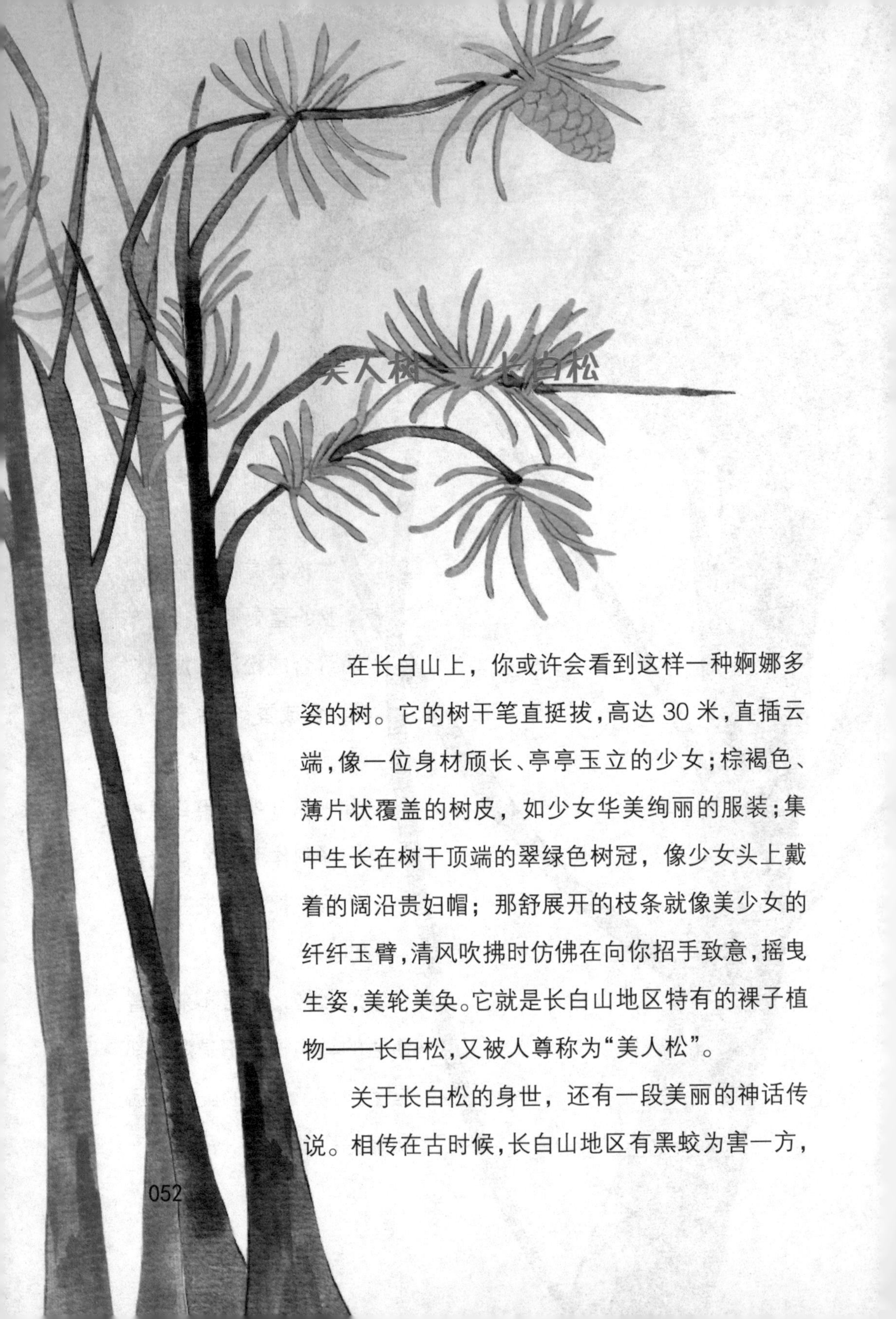

美人树——长白松

在长白山上，你或许会看到这样一种婀娜多姿的树。它的树干笔直挺拔，高达 30 米，直插云端，像一位身材颀长、亭亭玉立的少女；棕褐色、薄片状覆盖的树皮，如少女华美绚丽的服装；集中生长在树干顶端的翠绿色树冠，像少女头上戴着的阔沿贵妇帽；那舒展开的枝条就像美少女的纤纤玉臂，清风吹拂时仿佛在向你招手致意，摇曳生姿，美轮美奂。它就是长白山地区特有的裸子植物——长白松，又被人尊称为“美人松”。

关于长白松的身世，还有一段美丽的神话传说。相传在古时候，长白山地区有黑蛟为害一方，老百姓吃尽了苦头。后来,一位善良的仙女为民除害,与黑蛟斗智斗勇,最终将这个祸害降服,还给长白山百姓安宁的生活。此后,仙女由于留恋长白山这片土地,为了与长白山长相厮守,就化作了挺拔秀丽的美人松,永久地守护在长白山上。

其实,这只是民间百姓的美好传说,并不是长白松的真正身世源头。对于长白松的出身,之前植物学家认为它是樟子松的变种,也有人说它是欧洲赤松。在经历了多年的研究之后,人们最终达成共识,长白松应该是欧洲赤松在中国分布的一个地理变种。

说来也奇怪,也许真的是仙女眷恋长白山这片神奇的土地,据说世界上除加拿大有零星单株外,只有中国长白山部分狭窄的地区才能见到它成片生长。为什么长白松独恋长白山?人们至今还没有解开这个谜,这也成为笼罩在这位“美人”身上的神秘面纱。

虽然已经跻身我国珍稀植物行列,但是长白松并不是大家想象中的那样娇滴滴、弱不禁风的大小姐,它自身耐旱耐寒,生长迅速,生命力极为旺盛。在长白松的故乡——吉林省延边朝鲜族自治州,长白松还被当地的老百姓当做了“州树”。并且,人们为了让这种神奇的裸子植物焕发新的生命活力,开始了大面积的人工种植。长白松这位不愿离开故土的美人树,在越来越多的地方扎根生长,向人们展示它妩媚多姿的风采。

孤独的五兄弟——百山祖冷杉

从远古到现今，历经了漫长的数亿年的演变时光，很多植物渐渐地从地球上消失了。那些消失的植物，已永远地从人们的视线中抹去，只能在仅存的一些化石中给苦苦追寻它们留下的蛛丝马迹。更使人担忧的是，眼下还有一些植物也正面临着“灭顶之灾”。

生活在浙江的百山祖冷杉，作为在第四纪冰川期遗留下来的植物，有“植物活化石”和“植物大熊猫”之美称，它的存在对于人们了解古气候学、地质变迁、古植物学等都有重要的研究价值。现在全球仅存的百山祖冷杉还剩下 5 棵，其中一棵生长不良，一棵十分衰弱。如果这仅剩下的 5 棵百山祖冷杉遭遇到不测，未来的人们将再也无法亲眼目睹它的容貌了。

其实，对于这种珍稀植物的保护，人们还走了一段不小的弯路。早在 20 世纪 60 年代，百山祖自然保护区就发现了冷杉的存在，可惜由于人们对于冷杉的研究不够深入，当时的普遍看法是在东南沿海低于海拔 2500 米的地方不可能有冷杉存在。因此，很多年来这些百山祖冷杉一直被当成普通的华东黄杉，没有得到特殊的照顾。

直到1976年，隐姓埋名多年的百山祖冷杉才被摘掉错误的身份标签，正式被命名为“百山祖冷杉”，这一重大发现也引起了当时海内外植物学家们的震惊。不过，在人们认识到它们价值的时候，这几棵野生的百山祖冷杉的生存状况已经岌岌可危了。由于百山祖冷杉年逾古稀，所处的地方又常年云雾缭绕、空气潮湿，自然条件下很难完成传宗接代。再加上雄球花在下，雌球花在上，雌雄花的花期不一、花性不同，而且花期正逢雨季，不容易受粉等因素，造成种群的急剧缩小，百山祖冷杉几乎到了灭亡的悬崖边上。

如今，百山祖冷杉已经被列为世界最濒危的12种植物之一，还被列为国家一级保护植物。因其自然繁殖十分缓慢，人们正在想方设法利用人工无性繁殖的办法来繁殖更多的百山祖冷杉，希望这种古老的植物能在人类的帮助下，能够再次焕发第二次生机。

白马王子——白皮松

漫步在北京皇家园林北海的团城上，你会远远地望见两棵雄伟苍劲的古松，它银白色的身躯矗立在承光殿的前后，它是两棵金代时种植的白皮松，到现在已经有 800 多岁的高龄了。由于它很像两位周身白袍白甲的威武将军在镇守大殿，因此，它也被乾隆皇帝御封为“白袍大将军”。

中国人对于松树有着特别的青睐，尤其在古代的园林设计中，松树有着崇高的地位，而枝干遒劲有力、树皮斑驳古朴的白皮松更是其中被尊崇的对象。古时候，白皮松曾经广泛生活在西北、华北的很多省份，古人对白皮松有不同的叫法，比如栝子松、白松、白果松、白龙松、白骨松等。

我国北方古时候的皇家园林，更是将白皮松尊称为“银龙”或者“白龙”，长期以来，白皮松一直是皇家园林、达官贵胄家庭装饰庭院以及体现尊贵地位的象征，民间的普通百姓很少能一睹它的芳容。而在以苏州园林为代表的南派园林中，白皮松因为“松骨苍”的特点，具有沧桑的岁月之美，往往与假山、竹子、梅花一起成为文人骚

客们吟咏的对象,留下的诗篇汗牛充栋。明代著名诗人张著就曾经写下一首吟诵白皮松的经典诗作《白松》:“叶坠银钗细，花飞香粉干,寺门烟雨里,混作白龙看。”诗中用绘声绘色的诗句描写了白皮松那迷人的身姿。

其实,白皮松并非一出生就是通体白色的。在童年的时候,它的树干还是光滑的绿色,但是随着生长到成年期之后,它的树皮就渐

渐地演变成粉白色的鳞片状，在树皮剥落之后，就成为了银白的斑斓树干。而且，它的枝干往往在根部往上不多就开始分叉，整个的肢体虬曲、体态多姿，也是盆景观赏的最佳树种之一。

到了近代，白皮松由于无可争议的江湖地位，携手长白松、樟子松、赤松、欧洲赤松四大著名树种并称为五大“美人松”。它在国内的园林界，被誉为松树家族中的“皇后”，赞誉颇高。即使在世界范围内，白皮松也是被公认的世界上最美丽的裸子植物之一，有着“花边树皮松”的美誉，在很多地方它还被尊称为“神松”。

我国作为白皮松的故乡，有许多著名的白皮松堪称世界之最。在北京的古老寺院戒台寺中，有一棵名叫“九龙松”的白皮松，它雄伟的树冠高达近 20 米，最为奇特的是它的树冠是由 9 个分支的树干组合而成的，远远望去像是 9 条银白色的巨龙缠绕在一起腾空而起，蔚为壮观，让人啧啧称奇。它斑斑驳驳的树干周长近 7 米，需要好几个人才能合抱过来，相传是唐朝武德年间栽下的，距今已经超过了 1300 多年，堪称世界上的“白皮松之最”。

作为一种颇具观赏价值的树种，白皮松在 19 世纪中叶的时候还被移栽到了国外，如今在英国伦敦的邱园里就有几棵树龄已经超过百年的高大挺拔的白皮松，它们是除我国之外世界上年龄最大的白皮松。

盘龙——龙柏

在裸子植物的世界里，各种裸子植物的姿态千奇百怪，有体态优美的像少女，有身材挺拔的像将军，有雍容华贵的像皇后……当然，还有枝干盘曲着的像盘龙，它就是龙柏。

龙柏在生长的时候，它的枝干总是呈现螺旋状地向上伸展着，并盘曲在一起，像是一条缠绕着的巨龙，所以大家就给它起名叫龙柏了。

龙柏有两个家乡：一个是中国，一个是日本。

中国安徽的滁州，种植着全国最多的龙柏。龙柏属于常绿小乔木，身高可以达到 4~8 米。树冠为圆柱形，树皮是深灰色，叶子呈鳞状叶或刺形叶。每年春天来临的时候，龙柏就会开花，花细小，为淡黄绿色。浆质果球的表面有一层碧蓝色的蜡粉，里面长有两颗种子。

龙柏的树形极其优美，并且枝叶青翠，很多人将其种植在花园或公路的两旁。有些有创意的人，会将龙柏向上盘曲生长的枝叶扎在一起，塑造成龙、大象、马、狮子等动物的形象；有的人还将它修剪成圆球形或者鼓形，看上去十分有趣。

森林之王——贝壳杉

新西兰位于太平洋西南部，是一个岛屿国家，与其他国家隔海相望。因其独特的地理位置，也产生了很多独特的植物。其中，有着“森林之王”之称的贝壳杉便是一种。它的树干笔直，身材高大，而且木质坚韧，是世界上最好的木材之一。

在19世纪的时候，欧洲殖民者在新西兰发现贝壳杉是一种上好的木材，就开始在森林中大肆砍伐。贝壳杉的木材被做成船桅、家具等，有些人还拿它去建造房屋或者当柴火烧。再后来，有人拿它制作油漆以及蜡烛。由于人类毫无节制地砍伐，使得新西兰 300 多万公顷的贝壳杉变得只剩下 1万多公顷了。看着剩下的一小片贝壳杉，新西兰的人们十分痛心。如今新西兰现存最大的贝壳杉林在达格维尔。在那里，你可以看到新西兰特有的原生树种。

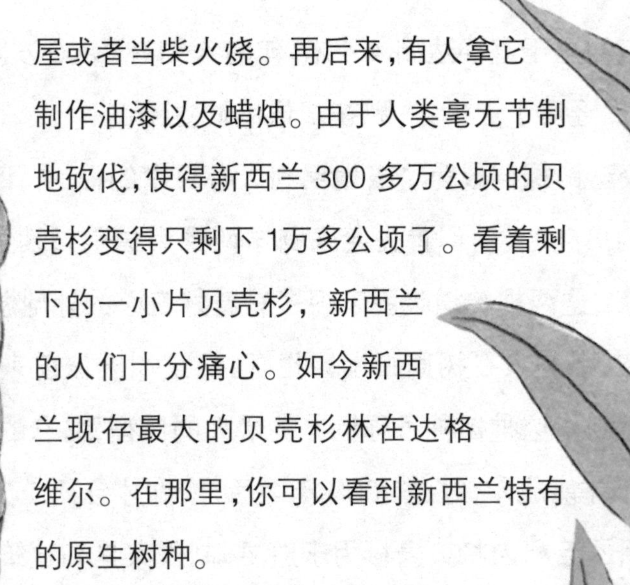

此外，达格维尔市北部一带有着贝壳杉海岸之称，那里有着两个世界上最古老的贝壳杉森林。在怀波瓦贝壳杉森林中，有两棵巨大的贝壳杉，一棵被称为“森林之父”，它的主干直径为 5.22 米，年龄大约有 2000 岁；另一棵被称为“森林

之王”,它的主干直径达到 4.4 米,年龄大约有 1200 岁。这两棵“寿星树”虽然经历了上千年,现在却依然屹立不倒。

如今这两棵树成为了当地毛利人心目中的神。如果他们想去砍伐其他的贝壳杉,他们首先会来到这两棵大树前祈祷,希望得到神树的原谅。这两棵神树吸引了很多有着好奇心的外地游客。为了保护好神树,毛利人在树周围设置栏杆,防止树干被前来观赏的人不小心伤害到。这种树种号称世界上最大的巨型树,它的幼苗需要经过 300 年才能成年,经过 2000 年之后,或许才会死。

聪明的毛利人将贝壳杉用于造船、制作家具和建筑木材等。有时候,毛利人还将贝壳杉拿来制作燃料和口香糖,甚至拿来照明。欧洲人也很喜欢贝壳杉,并将它雕刻成精美的艺术品,这种艺术品,会给人带来耳目一新的感觉。

但是,在当时,人们只知道不断地砍伐、利用,却缺乏保护意识,导致了很多贝壳杉被砍伐掉。在 100 年间,贝壳杉数量就减少了一大半。

贝壳杉生长得十分缓慢, 如果想让贝壳杉森林恢复以前的面貌,估计需要几百年的时间,所以仅存的贝壳杉变得弥足珍贵。为了保护贝壳杉,新西兰采取了一系列保护措施。在砍伐贝壳杉之前,必须得到国家的砍伐许可证,否则,就会受到法律的制裁。

百岁老人——大别山五针松

假如你去过大别山，并见到了大别山五针松，你也许会小憩一下。因为大别山五针松那挺拔硕大的树冠就像一把撑开的巨伞，其下乘凉避暑，不失为一种游山玩水途中的乐事。

大别山五针松得此名，是因为它是一种生活在大别山区的特有树种，至于“五针”二字，则源于它针状的叶子五个聚在一起，成为一束，非常独特，故有此名。

大别山五针松属于一种常绿乔木，身高有 30 多米，直径可达 0.5 米。树皮有内外两种，外皮为黄褐色，比较薄，内皮为暗褐色，有外皮的 2~3 倍厚。4 月开花，果实到了第二年的 9 月份或 10 月份才能成熟。

大别山五针松之所以长得那么高大，是因为它可以在 10 年或 40 年间不停地长个子。它的胸径比个子生长的时间还要长，一般生长期为 15~45 年。既然它的个子都能长几十年，那么，它的寿命也一定很长吧?确实是这样的，大别山五针松属于长寿树，它的寿命可以达到百年以上。即便是成了“百岁老人”，它依然可以继续生长。

大别山五针松选择生活在大别山的山体上部，那里气候适中，年降雨量很充沛，土壤为酸性的山地棕壤。海拔一般在800~1350米之间，夏季多雾，冬季比较寒冷，最冷的时候可以达到－14.2℃，但是，大别山五针松依然可以正常生活。

现在最大的一棵大别山五针松生活在安徽鹞落坪保护区海拔1020米的悬崖峭壁上。大别山五针松之所以那么勇敢地生活在悬崖峭壁上，是因为它有着非常发达的根系，根系可以深入岩石的缝隙之中，牢牢地抓住岩石，即便是狂风大作，它依然可以岿然不动。大别山五针松过惯了这么艰苦的日子，一旦遇到肥沃、排水性良好的土壤，它就会迅速地生长。

看，大别山五针松多聪明，好不容易能够舒服地生活一段时间，此时不生长，更待何时?

大别山五针松浑身都是宝，也能为人类作贡献。它的木质十分柔软，而且还有很多树脂，都可以为人类所用。

话又说回来了，大别山五针松虽然用处很多，但是它特别稀少，而且是中国珍稀的树种，现在变成了濒危物种，只有大别山的局部地区才有少量的分布。

本来这种树木的数量就不多，所以结出的种子也就很少，但是那里的松鼠却很喜欢吃它的种子。经常能够看到很多松鼠抢着吃大

别山五针松的种子。没有了种子,大别山五针松的繁殖受到了严重的影响,数量就更加稀少了。

如今,它已经被列为我国国家二级保护植物了,希望通过保护,使得大别山五针松能够轻松快乐地在中国生活。

与恐龙并行——秦岭冷杉

俗话说："龙生九子，种种不同。"裸子植物家族的成员也是如此，同样是杉树家族的子孙，它们的生活习惯和喜好却是千差万别。有的杉树喜欢温暖的阳光，喜欢在能沐浴到充足阳光的南坡生活，因此，它也被称为"热杉"或者"暖杉"。

与它的脾气、秉性截然相反的是冷杉，它爱呆在阴冷、潮湿、见不到阳光的地方；如果在温暖的阳坡，它反而会生活得很不舒服。

秦岭冷杉就是这样一种喜欢在凉快的地方生活的杉树，由于家族的成员数量很少，它的种族也非常不幸地划归到珍稀濒危植物的范围中，属于我国二级重点保护的植物种类之一。

在路过秦岭冷杉自然分布的最东边界——河南省鲁山县石人山地区的时候，或许你会发现一个写着“冷杉是国宝，请不要伤害它”的牌子，而这里所说的冷杉，就是秦岭冷杉。

当裸子植物出现以来，秦岭冷杉随之就出现了，它的祖祖辈辈已经在石人山地区生活了 2.9 亿年了，它的化石与恐龙化石并存，对研究恐龙生活的环境有极其重要的参考价值，被人类称为“植物活化石”。

森林中的老鼠都很喜欢吃秦岭冷杉的种子，如果你去看秦岭冷杉的话，会发现树下有很多种子都被老鼠啃食了。啃食过的种子不能发芽，所以秦岭冷杉的繁殖能力变得越来越差。有些人不顾秦岭冷杉的天然更新能力差，还要对它进行大面积的砍伐，导致了秦岭冷杉的数量急剧减少，以至于它成为了濒危物种。

秦岭冷杉全身都是宝，它的木材细致柔软，可以做成最优良的纸浆材。树皮层中可以分泌淡黄绿色或透明的胶液，这种胶液带有特殊的芳香，可以从中提取冷杉胶，这种冷杉胶的折光率和玻璃有相似之处，很适合做光学仪器和镜片的黏合剂。它的种子和针叶都含有油，可以拿来制作肥皂。

除了这些以外，秦岭冷杉还有很好的观赏性，可以作为观赏树种植在庭园中，它的树冠像是撑开的巨伞，会给庭园增光不少。

皇家园林的最爱——侧柏

在我国的古代，侧柏是一种被皇室贵胄十分钟爱的树种，它四季常青、树龄绵长，姿态也十分庄重优美，因此，常常被当做观赏植物种植在寺庙、庭院、陵墓等庄严肃穆的场所。比如，在首都北京的天坛公园，成片墨绿庄重的侧柏林与金碧辉煌的穹顶、素洁的汉白玉栏杆、青石的甬道、赭红的高大宫墙之间相互衬托，营造出了一种庄严、肃穆、清幽的氛围，这是其他的树种难以达到的。

美国前国务卿基辛格曾经在参观过天坛后，对那片苍翠的古柏发出这样的赞叹：“以美国的财力，我们可以建造 10 个甚至上百个祈年殿；以美国的历史，我们却培植不出哪怕一棵这样的古树来。”可见侧柏在中国古典园林中那画龙点睛的重要作用，因此，侧柏也被评选为北京市的市树。

在我国，还有一棵不得不提的著名侧柏——轩辕柏，它矗立在陕西黄陵轩辕庙里的古老侧柏，据传说是轩辕黄帝亲手种植的，虽然已经经历超过 5000 年的岁月洗礼，至今依然高大挺拔、直插云霄，树高超过 20 多米，树干需要七八个成年人才能合围起来，而

且，这株古柏依然枝繁叶茂，浓荫遮地，光树冠的面积已经接近200平方米，蔚为壮观。

系出名门的高贵出身、5000年悠久的历史，世界上的柏树无论树龄还是知名度都没有出其右者，因此，轩辕柏也被誉为“世界柏树之父”，冠绝同类的“柏树之王”。

苍劲、坚韧的侧柏不仅仅在皇室园林中出现，它还是几千年来文人墨客笔下的常客。柏树象征着忠心耿耿、光明磊落、坚强和伟大。宋代大诗人苏辙有首《厅前柏》诗这样写道：

稺柏如婴儿，冉冉三尺长。

移根出涧石，植干对华堂。

重露恣膏沐，清风时抑扬。

我老不耐寒，怜汝堪风霜。

朝夕望尔长，尺寸常度量。

知非老人伴，可入诸孙行。

想见十年后，檐前蔚苍苍。

人来顾汝笑，诵我此诗章。

由此可见，柏树在我国传统文化中的重量，是其他树种无法替代的。千百年来，歌颂、赞誉柏树高贵品格的诗词作品不胜枚举，它已经成为了中国传统文化中浓缩的一份子。

耐寒傲雪的冰王子——落叶松

落叶松是一种很古老的植物，在第三纪的时候就在欧亚大陆诞生了，并繁衍了无数个世纪，它也像是活了无数个世纪的“世纪老人”。

由于落叶松在针叶树种中是最耐寒的植物，所以随着第四纪地球上的气温降低，落叶松生活的地盘逐渐地扩大了。

但是，在第四纪冰川期过后，地球上的气候逐渐回暖，由寒冷变得渐渐地温暖起来，于是，落叶松的地盘又逐渐地向北部缩小，向着山地转移。

直到今天，落叶松的地盘主要分布在寒温带以及温带地区。中国的黑龙江、辽宁、陕西、西藏、四川等地都有生长。

落叶松不像其他常绿乔木一样，叶子一年四季都是绿色的，落叶松的树叶，一到秋天就变黄了，随后纷纷落下，也因此得名落叶松，人们也就把它归到落叶乔木之中了。落叶松身高 35 米，胸径达 90 厘米，树皮为灰色、暗灰色或者灰褐色。它的树叶都在长枝上散生着，又在短枝上呈簇生状或者倒披针状线形排列。

在每年的5~6月，落叶松就会开花，果球到9~10月才会成熟，成熟的球果都是直立向上的，幼时为紫红色。种子有膜质长翅，基底被包裹在种翅中。

落叶松虽然属于耐寒植物，却很喜欢阳光，同时，它也是一种耐干旱、耐贫瘠的浅根性植物。它的生长状态和土壤的肥沃以及含水量有密切的关系。如果在土壤水分过多或者水分过少的情况下，它的生长速度减缓。严重时，会导致它的植株死亡。

在落叶松的种类中，比较出名的，当属大兴安岭落叶松。

如果你有幸去大兴安岭的话，会发现大兴安岭到处都长着这种落叶松。远远望去，青翠欲滴的落叶松像是一片绿色的海洋。针状的树叶被风吹起的时候，更像海洋中的绿色波浪。那场景，着实壮观。

大兴安岭落叶松比较健壮，有着很强的生命力，即便是风吹、雨打、雷击，它都能够安然无恙地生活。到了每年的春天，落叶松的针叶就会一根一根地从树枝上钻出来。夏天，它的叶子和树干就开始疯狂地生长，几乎一天一个样。

不过，当秋天来临的时候，绿叶就开始变黄了，种子也开始纷纷落下。种子一旦遇到土壤，就能生根发芽，即便没有人管它，它也能很自然地成长，最终成为一棵参天大树。

其实，大兴安岭的落叶松森林就是这么长成的哦！

孑遗植物——柔毛油杉

柔毛油杉属于中国特有植物，作为第三纪的孑遗植物。什么是孑遗植物呢？孑遗植物就是指过去分布比较广泛，而现在仅存在于某些局限地区的古老植物物种，银杏和柔毛油杉就属于植物中的孑遗植物。现在的柔毛油杉的数量极其稀少，很难见到。由于其稀少，所以被列为国家二级保护野生植物。现在在我国广西、湖南、贵州等地才有生长。

柔毛油杉一般身高达 30 米，胸径可以达到 1.6 米，树皮为暗褐色或灰褐色，干后枝为深褐色或暗红褐色。柔毛油杉跟其他的油杉不同，它的一二年的新生枝条上都密布着细细密密的短绒毛，而且十分柔软。并且它种子球果的背面也长满了细细的短绒毛，很像一个毛茸茸的小脑袋，因此，它才有了柔毛油杉的独特名号。

柔毛油杉喜欢生活在海拔 600~1100 米的山地上，那里的气候比较温暖湿润，土壤也比较肥沃，一般都是酸性黄壤或红黄壤，很适合柔毛油杉的生长。柔毛油杉的生长速度在植物中算是中等的，在 20 岁之前，它的个子长得很缓慢。但是，过了 20 岁之后，它生长的速度就会逐渐增快，每年能够长高 40~50 厘米左右。在它 30 岁的时候，是它胸径长得最快的时候。它是一种比较喜欢阳光的植物，如果在荫蔽的环境下生长，会长得十分缓慢，更新能力变得极其的差。它的根系在土壤中可以长得很深，所以抗风性很强。即便是长在通风口，它也能很自然地生长。

作为稀有物种的柔毛油杉，更让人遗憾的是它的繁殖能力很差，种子的出芽率很低。种子即便发芽了，幼苗生长速度也很缓慢，在移载的时候需要精心呵护。到目前为止，人类还没有研究出如何人工栽培柔毛油杉。所以，保护好在森林中生长的柔毛油杉，是当前最重要的事。

人类的好帮手——太白红杉

太白红杉家族是特别眷恋中国的裸子植物，除了在中国的秦岭山脉才能看到它那美丽的身影外，其他国家和地区都没发现它家族成员出没的痕迹。因此，太白红杉为中国特有树种。它还是渐危种，被我国纳入国家三级保护渐危种。

在层峦叠嶂的秦岭山系中，红杉又独爱太白山（太白山位于陕西省西南部眉县、太白县、周至县交界处，为秦岭山主峰，其主峰拔仙台海拔 3767 米）。在这里安家落户的红杉相对集中，因此，它就有了太白红杉的美名。

太白红杉是太白山地区最美的一道风景线，也是分布太白山最高的乔木树种和最完整的原始森林分布带，正是有了它的存在，巍峨的太白山“颈部”仿佛戴上了一圈生机盎然的花环。最神奇的是，这个花环还会随着四季的变化呈现不同的风景，初春时节的嫩绿新芽，夏季的墨绿，秋季的澄黄、霜红，再到冬天的灰褐、银装素裹。太白红杉就像是一位魔力无穷的魔法师变化着花环的颜色，让整座太白山婀娜多姿，美不胜收。

太白红杉属于落叶乔木，论个头，太白红杉算不上高大，它的身高通常在8～15米，树干直径可达0.6米。虽然，太白红杉不属于那种非常高大的树种，它却有大能量。你想一想，太白红杉生活的地区，是在秦岭的主峰太白山上，那里的天气常年寒冷干燥，年平均气温还达不到8℃，最寒冷的时候，气温在－20℃。

太白红杉能在这样恶劣、艰苦的环境里生存下来，实属不易。它可谓是“傲视寒雪”、“冷对干旱”的“铁血真汉子”。由于它的根系比较发达，即便是十分贫瘠的土地，都能够生存下去，哪怕是个头儿长得缓慢一点呢。大概这也是太白红杉个头儿长不高、生长缓慢的主要因素。

但是，这并不妨碍太白红杉的极度耐寒性、抗干旱性。秦岭的高山地带特别寒冷，其他植物都不能够在寒冷的环境里生存，因此，太白红杉成为秦岭地区造林的主力军，也是人类植树造林的好帮手。

树中的蒲公英——短叶黄杉

蒲公英，大家或许都很熟悉，一般在路边会经常看到它。有时候，我们可以拿起它的茎，用嘴轻轻一吹，它毛茸茸的“头”就会瞬间飘散成一个个飞舞的小降落伞。这些飞舞的小降落伞，其实就是它的种子，飞到哪里，它就可以在哪里生根发芽，然后长成新的植株。它的种子一般都是依靠风来传播的。

为什么提到蒲公英呢?是因为它和一种树的种子的传播方式是极其相似的，都是借助风力将种子撒向别处，以此来进行繁衍生息的。有了风的帮助，再加上它极强的天然更新能力，使得母树周围长出了很多的幼树和幼苗。这种树的名字叫短叶黄杉。

短叶黄杉是一种强喜钙树种，即这种树种喜欢生长在富集钙质的地方，它主要生活在我国广西南部和贵州南部的石灰岩山顶部，它生长在海拔 800~1000 米之间。它的根系极其发达，可以穿透岩石的缝隙，并从岩石缝隙中吸取深层水分。这里的生活条件十分差，导致了短叶黄杉生长比较缓慢，植株矮小。

短叶黄杉的身高一般在 6~10 米之间，叶子长 0.7~1.5 厘米，

宽 2~3.2 厘米，属于雌雄同株。种子为三角状的卵圆形,长有不规则的褐色斑纹,长有 1 厘米。它的果球很大,比较容易结种子。种子的成活率也是很高的。

亚洲树王——红桧

我国台湾到处生长着郁郁葱葱的树木，在那些树木之中，有一种树木因为其高大而十分显眼，这种树木就叫红桧。红桧身姿高大挺拔，当地人都称它为“台湾神木”，它不但受到台湾人的喜爱，还受到世界各国人民的喜爱。

台湾有一棵被称为“永远年轻的历史老人”的红桧，虽然经过多年的岁月风霜，但是依然十分挺拔地矗立着，四季保持着常青的容颜。它身高达 60 多米，胸径达到 6.5 米左右，在全世界所有的树种当中，身高仅次于美国加州的巨柏，被誉为“亚洲树王”。它是植物界出了名的寿星。在台湾的森林中，还生活着很多有两三千岁的红桧。

台湾还生长着一棵被称为“神木”的红桧，身高 57 米，大约活了 3000 年。这棵“神木”曾经遭遇两次雷击，并且被击倒过。后来，台湾人又选出了一棵身高 45 米，大约有 2300 岁的红桧作为“第二代神木”。

比较有趣的是，台湾有一棵被称为“大雪山二号”的红桧，它的树干中间有一个特别大的

洞。这个大树洞就像是一些地方住的窑洞一样，能够住下 4 个人。所以,经常有人拿着帐篷去里面玩耍或休息。躺在树洞里,人们可以看到远处的瀑布和青翠的森林,让人十分享受。

红桧集万千宠爱于一身，天生具有一副好身体，它不但长寿，而且材质优良。如果你趴在它身上闻一闻，可以闻到一种香味，那是从它体内散发出来的。这种木材比较耐湿，经过加工，会变得光润，是制作船只和家具的一级木材。

原本人丁兴旺的红桧家族在台湾地区高山上的原始森林中安静地生活着，但是，由于 20 世纪我国台湾曾经沦为日本帝国主义的殖民地，贪婪的掠夺者盯上了这种神奇的红桧树，对它痛下刀斧。从此，台湾丰富的红桧树资源遭到了疯狂的掠夺，一棵棵数千年的巨大树木被砍倒在地，又被满载的火车运出了深山，漂洋过海送到了日本。在短短的数十年中，就有三十多万棵参天的珍稀红桧大树被砍伐。如今，阿里山上随处可见裸露在地的巨大红桧树根，就是对当年日本殖民统治者的血泪控诉。经过如此的掠夺，台湾宝岛的红桧资源急剧减少，只有少数的红桧树因为树形难看等原因才侥幸逃过了斧钺之灾。

不过，红桧树有着顽强的生命力，它的树干虽然被砍去了，但是它的根并没有完全死去，深深扎根在阿里山沃土的红桧树的树桩上，又萌发出了新枝，这是红桧树不屈的第二代、第三代新树。看到这几代新枝和巨大的树桩共生的场面，人们不禁感叹这位亚洲树王那顽强不屈的生命力。

红豆杉纲大家族

关键词：红豆杉纲、红豆杉、香榧、竹柏、长叶竹柏、穗花杉、罗汉松、陆均松、白豆杉、鸡毛松、三尖杉、百日青

导　读：红豆杉纲起源较早，根据化石记录，红豆杉纲的红豆杉属与榧树属，早见于中侏罗纪，穗花杉属早见于晚白垩纪，到了新第三纪在欧洲、亚洲及北美洲均有分布，第四纪冰期后，榧树属与穗花杉属在欧洲和北美洲绝灭。

红豆杉纲家族小简历

红豆杉纲植物的祖先最早出生在侏罗纪时期，在第三纪的时候，广泛分布在欧洲、亚洲以及北美洲各地。

不过，到了第四纪冰川期之后，由于地壳运动，整个地球的生态环境发生了重大变化。当时，生长在欧洲和北美洲各地的红豆杉纲逐渐灭绝，只有亚洲的一些红豆杉纲侥幸存活到现在。红豆杉纲的植物今日已经成为一种很古老的物种了。

红豆杉纲下面分成 3 个科，包括红豆杉科、罗汉松科和三尖杉科。总计起来，这个纲的植物有 160 多种。而且这 3 科的植物可能来自一个祖宗。

红豆杉纲的植物属于常绿乔木或者灌木，叶子有很多种形状，如鳞形、条形、钻性、披针形等。没有梗的种子，被全部包在肉质的假种皮内。有一些也有短梗，种子就会生在杯状肉质假种皮中。还有一些有明显的梗，种子会包在囊状肉质假种皮中，只有顶端才会露出来。值得一提的是，红豆杉纲很多植物的种子都可以食用，而且味道鲜美、香甜。

红豆杉纲植物有一个共同的特征，即生长得非常缓慢，正是这个原因，才导致了它的材质十分坚硬，且结构细密，纹理均匀。

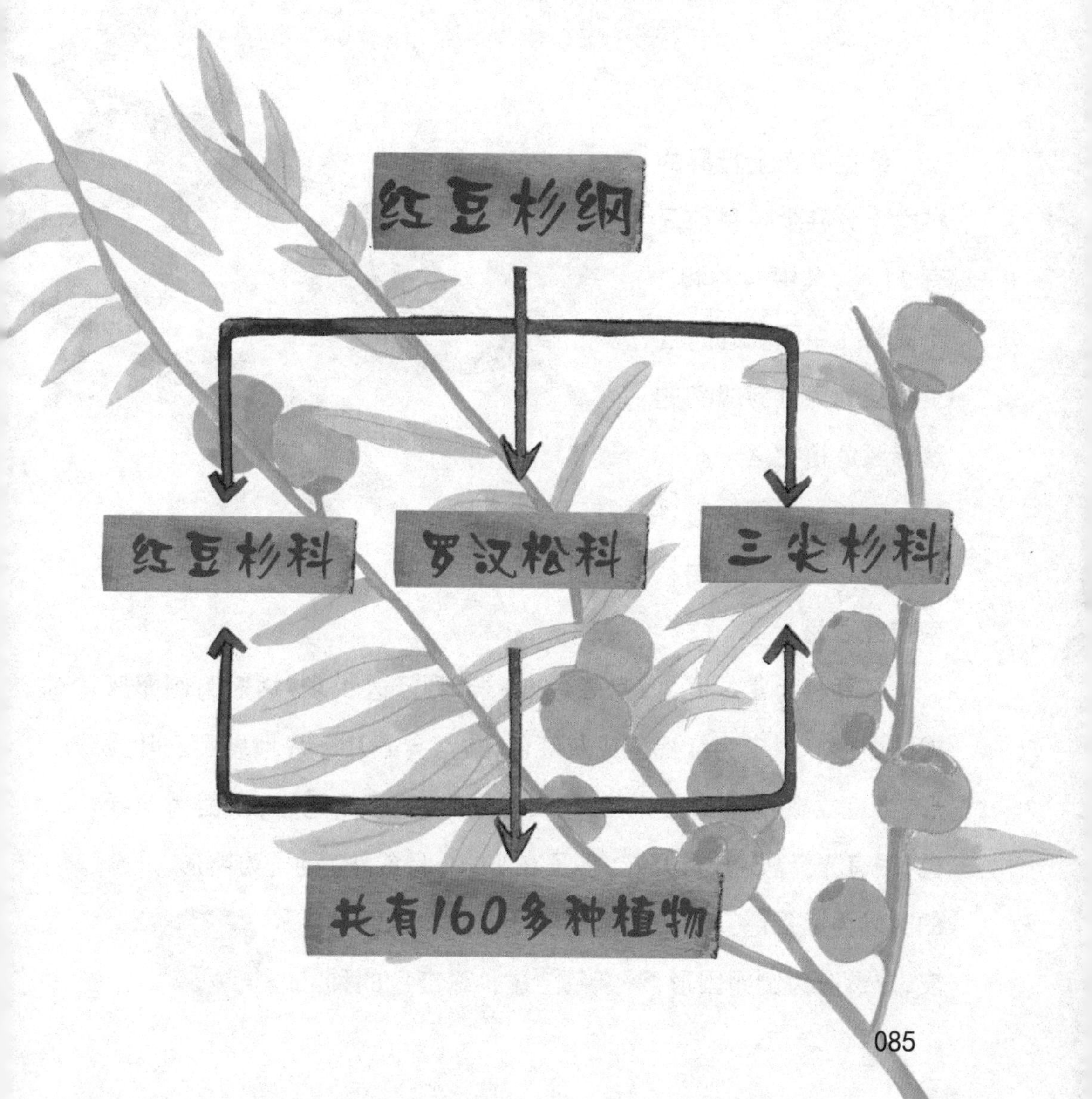

千年不死——红豆杉

红豆杉在全世界的种类十分稀少，目前只有11种，其中4种和1个变种在中国。因此，红豆杉被列为世界级别的珍稀濒危植物之一。

生长在中国的有：中国红豆杉、云南红豆杉、东北红豆杉、西藏红豆杉和南方红豆杉。

红豆杉为常绿乔木，身高达30米，胸径达1米，树冠为倒卵形或阔卵形。树皮为红褐色或灰红色，常常会一片一片地剥裂。叶线形，半直立或稍微弯曲，长1.5~2.5厘米，宽2.5毫米，表面为深绿色，很有光泽。5~6月开花，种子在9~10月成熟。种子为卵形，成熟的时候为紫褐色。种子上覆盖着上部开口的假种皮，成熟时为倒卵圆形，深红色。这种深红色的种

子十分受鸟类的青睐，常常被鸟类拿来当做食物。当然，鸟类吃这些种子，也给红豆杉的生存繁殖起到了媒介作用，鸟儿飞到哪里去，红豆杉的种子便在哪里生根安家。这也是红豆杉既分布广泛，又零星分散的主要原因。

红豆杉也算得上是古老树种，能够历经第四纪冰川而存活了250 万年，实在是不容易啊！不过，在这漫长的岁月里，红豆杉也不断地朝着有利于自身生长的方向演化，渐渐有了耐寒、耐旱以及耐病害的本领。它的寿命也是极其长的，有的甚至可以活到上千年。

三代果——千年香榧

很多树的果实，都是同一年开的花，又是同一年一起成熟的，但是香榧的果实却不是这样的，它的一代果实成熟需要 3 年，而到了第二年，它的二代果实也开始在树上生长发育了。到了第三年，第一代果实开始成熟，第三代果实已经开始发育了。也就是说，在第三年的时候，第一代已经成熟的果实和第二代、第三代正在发育的果实同时挂在树上，这是多么神奇的一件事啊！所以人们就称它为“三代果”。

不仅如此，更奇特的是，香榧从幼树长到第 10 年才开始结果，而且一开始能够结果的香榧，果实少得可怜。换句话说，10 年树龄的香榧还不是它结果的盛年期，一般情况下，树龄达到 20 年之后，才进入香榧结果的盛年期。而且随着树龄的增长，香榧果不

但不会衰退，而是越来越有果实累累的势头。

人类活到 100 岁的时候，已经进入衰老期，可是 100 年对于香榧才刚刚壮年，100 岁的香榧照样开花结果。

说到这里，有人会问，那么香榧是如何开花结果的呢？原来香榧就像人类一样分“男”、“女”，香榧树属于“雌”、“雄”异株。雄香榧树，就像一个大汉，枝干粗壮，“昂首挺胸”的树冠直上云霄，好似在展现着它的阳刚力量；而雌香榧树则不同，它的枝条却从这个树冠之下像“秀发”一样披垂下来，犹如一个温软柔婉的“母亲”。香榧树开花的时候，需要

风媒传播授粉。雌香榧树开花结果时，它的周围一定会有雄香榧树，像忠诚的卫士一样，守护着它。

香榧一般每年的2~3月抽条发芽，4月花开盛期，这时通过风媒进行传播授粉，种子在9~10月成熟，种子为倒卵状椭圆形或卵圆形，长2.2~3.2厘米，成熟的时候，假种皮为红色。

正如前面所讲的，3年后，香榧才会长出果实，它的果实为坚果，果壳非常坚硬，呈现橄榄形；果肉是淡黄色的，被黑色果衣所包裹着。由于香榧的果实味道甘甜，而且富有营养，深受人们喜爱。宋代大文豪苏东坡还写过赞美香榧果的诗呢。他在《香榧》中赞道："彼美玉山果，粲为金实盘。"

香榧果不但好吃，香榧树的姿态也很优美，同时，它的寿命可以达到千年以上。因为香榧的寿命和三代果的特征都非常明显，故有民谚云：千年香榧三代果。

要问"千年香榧三代果"喜欢生活在哪里，告诉你吧，它主要生活在中国。非常喜欢温润气候的香榧把家选择在浙江、福建、安徽、江苏等地。其中浙江的诸暨、绍兴、嵊县、东阳 4 个县由于盛产香榧，因此被誉为"中国香榧之乡"。

稀有物种——竹柏

白垩纪堪称动植物史上最黑暗的一个时期，那期间发生的悲剧，逐渐波及所有的动植物，诸多动植物灭绝，包括巨无霸恐龙家族。今天我们只能通过化石才可以得见当年地球上都存在过什么样的生命种类。

出生在 1.55 亿年前（中生代白垩纪）的竹柏虽然侥幸逃过这一次大灾难，不过存留下来的数量也屈指可数了，因此，能够存活下来，并繁衍至今的竹柏，被誉为“植物界的活化石”。

竹柏主要生活在中国的华东、华南等大部分地区，该地平均年降水量为 1200~1800 毫米，并且有很好的光照，很适合竹柏生活。

竹柏对土壤的要求很挑剔，必须是砂页岩、花岗岩等母岩发育而成的，这些土壤一般比较潮湿、疏松，并且呈现酸性。只有在这种独特的土壤当中，竹柏才会生长得更加迅速。否则，它将生长得非常缓慢。

竹柏生长的快慢也和它的年龄有关。刚出生不久的小竹柏，生长得十分缓慢，但是到了 4~5 岁的时候，它就该加快生长的步伐了。6~10 岁的时候，它就可以长到 5 米那么高了。到 10 岁的时候，它才开始开花结果，15 岁的时候，单株树结的果实可以达到 5~15 千克左右。年龄越大，单株树结的果实越多，到了 40 岁的时候，单株树可以结出 500~650 千克的果实来。

通常情况下，竹柏的身高在 20~30 米之间，胸径为 50~70 厘米。树干比较直，树皮薄且光滑，颜色为褐色。树叶为椭圆状披针形，长 8~18 厘米，宽 2.2~5 厘米，中间没有中脉，为深绿色。种子的直径为 1.5~1.8 厘米，为圆球状，被肉质假种皮所包裹着。

因为竹柏一年四季常青不落叶，有柏树的特征，又因为它的叶子长而尖，极像竹子的叶子，因此得名竹柏。

关于竹柏，还有一个美丽的传说：

很久以前，有一个樵夫上山砍柴，在下山的途中，看见一只鹿受伤倒在山石上，于是，樵夫放下柴捆，帮鹿包扎伤口，还安慰这只鹿。当他把柴担扛在肩膀上准备下山时，发现刚才受伤的鹿踪迹全无。当时樵夫也没有多想，便下山去了。

第二天，樵夫像往常一样继续上山砍柴。神奇的一幕出现了，樵夫看见了昨天自己救的那只鹿，而那只鹿把樵夫带进一片像柏树又像竹子的林丛中。这时，樵夫才恍然大悟，这只鹿不是普通的鹿，而是仙鹿。仙鹿领他来的这片树林，正是竹柏林。自此以后，樵夫开始种植这种既像柏树又像竹子的树木，最终这种名为竹柏的树种才得以繁衍香火。樵夫也因为种植这种树木，过上了富裕的生活。

传说很美丽，但终究还是传说。当然，这个美丽的传说也寄托了人们对于这种植物的好感与喜爱，不希望它灭绝。

铁塔树——长叶竹柏

长叶竹柏，属于罗汉松科竹柏属，是竹柏家族的珍贵树种。这个名称的由来，是根据竹柏的叶形命名的，顾名思义，长叶竹柏就是叶子长得很长的竹柏。

长叶竹柏的叶子不但长，在整个裸子植物家族中，除银杏之外，长叶竹柏也是具有较宽叶面的一个种类。换句话说，按照树叶的宽度比较，银杏叶面宽度排第一，长叶竹柏的叶面宽度排第二。

当然，只听长叶竹柏的名字，给人的感觉是它的叶子应该属于那种非常“苗条”的形状。事实恰恰相反，叶子长只是它整个叶子的一个特征，它的叶片非常厚实，看起来不像是一副弱不禁风、薄如蝉翼的样子。而且叶子的形状也不尽相同，有的叶片呈披针形，有的叶片呈椭圆形。

由于长叶竹柏的木质纹理直而细腻、不易变形、切面光滑等特征，遭遇人类无节制的砍伐，导致数量越来越少。如今，我们已经很难见到成片的长叶竹柏树林了。现在在广东、广西、云南、海南等地还有零星的分布。因此，长叶竹柏被我国列为“国家三级保护濒危植

物”名录。

你知道吗，长叶竹柏还有一个外号，叫“铁塔树”。它的身高可达30米，不但个子高大，躯干的直径也有70厘米。最牛气的是，它的树冠像个圆锥形，靠近树的主干部分庞大，越往树梢处越小，形成一个尖形，远远望去，就像是一座“铁塔”耸入云霄，故名“铁塔树”。

长叶竹柏还有一个生长小秘密，当它生长到一定程度的时候，它褐色的树皮会一片一片地剥落。至于剥落的原因，是为了树干的生长吧。就像爬行动物蛇类，在生长的过程中需要蜕皮一样。

长叶竹柏具有罗汉松科植物的基本特征，它结果的年龄，要到20岁左右的时候。长叶竹柏雌雄异株，要借助风媒传播授粉。种子呈圆球形。在长叶竹柏结果时，那些挂满枝头的碧绿色果实，看上去十分优美。

长叶竹柏被列为“国家三级保护濒危植物”名录，也有它自身的原因，这家伙对生长环境有严格的要求，概括起来有以下几点：

首先，长叶竹柏适宜生长的最佳气温，在18℃～26℃间，所以长叶竹柏从植物环境分类学上被归为热带或亚热带树种。

其次，从地理位置上说，长叶竹柏分布的区域较小，在东径105度～120度之间，北纬21度～29度之间。由于特殊的经纬度要求，使得越南和柬埔寨也有少量的分布。

再者，长叶竹柏既不喜欢太过潮湿，也不喜欢干旱的地区。它非常喜欢年降水量在 1200～1800 毫米的地区。虽然喜欢湿润的地区，但它也很讨厌积水。从这一点来看，长叶竹柏还很娇贵。

还有，长叶竹柏喜欢生活在常绿阔叶林中，因为它怕阳光灼伤，就像有的人怕皮肤晒黑一样，假如光照过于强烈，它的根茎会被灼伤或发生枯死的现象。所以，我们见到长叶竹柏的时候，它总是躲在比它更高大的阔叶林中，这样它才能自由自在地生长。

最后，长叶竹柏喜欢海拔 800 ~ 900 米的山地，对土壤的要求也极其严格，山地黄壤或棕色森林土壤是它最喜欢呆的地方。

综合以上这些因素，可以说，长叶竹柏本身就是一种很娇贵的树种，因此，它的繁殖和分布能力都很差，这也是它被纳入濒危植物的主要因素。

冰川元老——穗花杉

穗花杉是一种很古老的植物，在第四纪冰川期之后，地球上各地的穗花杉都相继灭绝，被埋藏在地下，成为了化石。但是，在中国的穗花杉却幸运地存活到现在，所以被称为“冰川元老”。

穗花杉主要生活在中国的浙江、福建、湖南、贵州等地，在越南北部也有少量的生长。它生活的地方一般在海拔 500~1400 米高的森林中。它属于常绿小乔木或灌木，身高 7~10 米，小树枝是绿色或者黄绿色的，树皮为灰褐色或红褐色的，叶子为深绿色，长 3~11 厘米，宽 6~11 毫米。4 月中旬到 5 月上旬开花，到了第二年的 5 月才能结出种子。种子是椭圆形的，长 2~2.5 厘米，直径为 1~1.3 厘米，成熟的时候，假种皮为红色。

穗花杉主要分布在热带和亚热带的山地，那里的气候比较温暖潮湿，降雨量也很充沛。穗花杉是一种阴性植物，一般喜欢生活在林下，不需要太多的光照，土壤主要以花岗岩、砂页岩发育而成的黄壤或者黄棕壤为主。

由于人类对森林的过度砍伐，导致了森林中的生态环境发生了

恶化，适合穗花杉生长的环境也遭到了严重破坏，植株越来越稀少了。同时，它的种子并不是落到地上遇到合适的环境就会发芽，而是要经过一个休眠期，才能生根发芽，所以也影响了穗花杉的繁殖。在森林中，穗花杉的种子也会遭遇一些鼠害，因为那些老鼠最喜欢吃穗花杉的种子了，如果种子被吃掉了，那么，穗花杉的数量就会少之又少了。

总之，多重因素导致了穗花杉已经处于濒临灭绝的境地。作为中国的特有物种，国家已经建立起了不少的穗花杉保护区，希望通过保护好其母体以及它生活的自然环境，确保它能够进行正常的生长繁殖。

鬼斧神工——罗汉松

大自然造物犹如鬼斧神工。我们读鲁迅先生的杂文《论雷峰塔的倒掉》中，有这样一段描述：

秋高稻熟时节，吴越间所多的是螃蟹，煮到通红之后，无论取哪一只，揭开背壳来，里面就有黄，有膏；倘是雌的，就有石榴子一般鲜红的子。先将这些吃完，即一定露出一个圆锥形的薄膜，再用小刀小心地沿着锥底切下，取出，翻转，使里面向外，只要不破，便变成一个罗汉模样的东西，有头脸，身子，是坐着的，我们那里的小孩子都称他"蟹和尚"，就是躲在里面避难的法海。

当然，这只是神话传说，坐在蟹壳里的"罗汉"到底不是法海。可是，这样一种动物却在身体内长着一个类似"罗汉"的物件，你不得不信服造物主在造物时的一番良苦用心了。

既然在动物的身上有"罗汉"这样的象形，那么在植物家族里，有没有这样一种长有"罗汉"的植物呢?说来也巧，无独有偶的是，在裸子植物家族的红豆杉纲罗汉松科的罗汉松，就是这样一种植物，罗汉松的种子，就像鬼斧神工一样，天然而成一个"罗汉"。

如果在夏天的时候，正值罗汉松结果的时期，我们就可以看到罗汉松神奇而且可爱的一面：在雌罗汉松树的叶腋处，也就是树干长分枝的地方，会生长出一个类似于“小罗汉”模样的种子，种子上部是一枚又圆又光滑的侧生胚珠，这个可以看做是“小罗汉”的脑袋；种子下面是种托，也就是向胚珠输送营养物质的构成部分，这个“种托”可以看做是“小罗汉”披着袈裟的身体；在种托处有一个类似于对称的微微凸起来的部位，神似“小罗汉”合十的双手。故此，人们称这种植物为罗汉松。

从这个层面上而言，罗汉松的名字非常中国化，也很有文化蕴涵，在古时候，罗汉松象征着长寿、吉祥和财富。

罗汉松还有很多别名，比如罗汉杉、长青罗汉杉、仙柏、罗汉柏等，这些名字的由来，大抵与罗汉松的果实有关。总而言之，罗汉松就是树中的“罗汉”。

因罗汉松的叶形不同，罗汉松属的家族成员又分成小叶罗汉松、短叶罗汉松和狭叶罗汉松。其中小叶罗汉松的叶形就像麻雀的舌头，所以人们又给它起名为“雀舌罗汉松”或“雀舌松”；短叶罗汉松，顾名思义，就是叶形短小精悍，它的叶柄非常短，但是叶尖处非常尖锐；狭叶罗汉松可以称得上罗汉松家族中叶片长得非常苗条的成员了，它的叶片极细长，到叶尖处，逐渐收窄。

除了根据叶形的不同分类方法之外，罗汉松还因生长的地理环境不同，另有别称。比如，产于我国云南大理地区的罗汉松，其叶片是个大个头，看起来美不胜收，因此这里的罗汉松又叫“大理罗汉松”。有少数的罗汉松只生长在海南地区，并零星地分布在海南省的南部地区，因而得名为“海南罗汉松”。我国台湾兰屿地区，生长着的罗汉松四季常青，叶子浓绿色，而且还闪闪发光，看上去既风姿绰约，又显朴素文雅，两者兼而有之的树形特色，使得“兰屿罗汉松”的声名远播。

罗汉松属的家族成员属于亚热带植物，它主要分布在我国的长江以南地区，主要有云南、海南、福建、浙江、江苏、广东、广西等地。由于野生罗汉松的数量相对较为稀少，被我国列为国家二类保护植物。目前我们在北方地区见到的所谓的“罗汉松”属于人工培育范畴的植物，从生物学方面看，意义并不大。

罗汉松大多数属于雌雄异株，也有少数为雌雄同株。每年夏季到来的时候，罗汉松开始开花、传粉，

等到秋收时节，罗汉松树上挂满了身着红色袈裟的身子、深绿色光头的果实，那是多么神奇、可爱的景象啊！还要偷偷地告诉你哦，那些看起来像“罗汉”的果实，是可以吃的哦，而且味道非常的鲜美、甘甜！

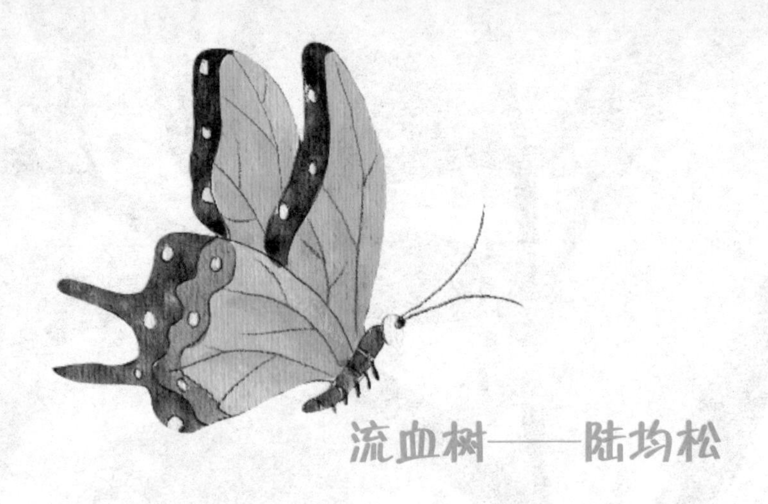

流血树——陆均松

有一种植物，它叶子的颜色和当地特有的一种叫陆均鸟的羽毛颜色极其相似，后来人们就给它取名陆均松。

至于陆均松的叶子为何像陆均鸟羽毛的颜色，这其实和大自然的生态规律紧密相连。凡是生态优良、植被丰富多彩的地区，不但会有一些特殊动物种类在那里安家落户，而且植物也会异彩纷呈、千姿百态。造成这一现象的因素便是大自然的动植物在进化过程中，也会出现高度的同化作用。

原本陆均松的叶子已经够神奇的了，更神奇的是，如果它的树皮被砍伤了，就会流出红色的树汁，不细心看，还以为它在“流血”呢！因为陆均松能够流出红色汁液，所以它还有一个小名叫“泪柏”。当然，你也可以把陆均松的“流血”看做是一种自我保护，向你哭诉着不要伤害它。

作为这么稀奇的树种，自然不是很常见，陆均松属的植物，在全球也只不过20种左右，而生长在中国境内的只有一种。由于人类的过度砍伐，我国境内的陆均松已经成为“渐危种”。

我国境内的陆均松，主要零星地分布在海南地区，由于它喜欢生长在海拔300~1700 米的山上，因此海南陵水吊罗山、五指山黎母岭、崖县抱龙岭、白沙鹦歌岭等地，是它的主要生长地带。在这些山岭地带，可以看到长有一小片一小片的陆均松树林。如果是在清晨，你会看到很多陆均松在云雾中若隐若现的样子，远远望去，宛若人间仙境。

现存中国境内最高大的一棵陆均松生长在海南省霸王岭上，它的年龄有 1500 岁，身高达 30 多米，树干直径2.28 米，树的腰围达 7 米，如果是成年人围抱它，三四个人也不一定能够抱住。它的树冠更是惊人，达 40 平方米。因此这棵历经千年岁月洗礼的陆均松被誉为“霸王岭树王”、“海南树王”。

陆均松平均寿命都很长，少者几百岁，多者上千岁，也许由于它的成活时间较长，所以陆均松不太愿意长个子，生长得非常缓慢。从小陆均松树苗算起，长两三米的高度，需要花费 10 年的时间，50 年才能生长到十几米。

陆均松的树皮为黄褐色或灰褐色，长到一定程度之后，就会一片片地剥落。叶子有两种形状，幼树的叶子为针形，螺旋状排列，并且有 4 个棱；长大的陆均松的叶子为鳞形叶或者是锥形叶。每年的 3 月开花，10~11 月才能结种子，种子很小，为卵形，像一个横躺着

的人一样，躺在杯状肉质的假种皮上，成熟的时候就会变成红褐色。

连种子都表现出非同凡响的样子，足见陆均松有多么珍贵，而今，在陆均松几个主要集中生长的地区，已经建立了自然保护区，我们要从人类生态平衡的角度去呵护这种即将消亡的野生陆均松！

需要睡觉的种子——白豆杉

白豆杉是属于红豆杉科的一种常绿灌木或小乔木树种。说白豆杉是小乔木，因为它的个头并不是非常高大，通常情况下，它能长到4米高。

白豆杉主要分布在我国浙江、江西、湖南、广西、广东等地，这里的气候温暖湿润，经常会出现大雾的天气，所以光照比较少。因为白豆杉属于阴性树种，如果受到强烈的光照，它会渐渐萎缩，树干也会变得弯曲。同时，这一地区的降水非常充沛；其土壤主要以强酸性的山地黄壤为主，并且土壤之中含有丰富的有机质等，这些天然条件非常符合白豆杉对于生长环境的要求。

白豆杉的花期在每年的3月下旬至4月上旬之间，种子的成熟期在9月下旬至10月上旬之间。成熟的种子为卵圆形，被一种肉质、白

色、杯状的假种皮包裹着。白豆杉因此而得名。

白豆杉的种子需要休眠期，比如说，头年的种子要到第二年才能生根发芽。如果不等它过完休眠期，即便你把它埋在土壤中，它宁愿腐烂，也不会发芽的。

除了它的种子需要休眠以外，白豆杉还属于很难“怀孕”的植物，当雄球花传粉给雌蕊时，雌白豆杉很难生长出白豆杉种。

正因为这种种原因，导致白豆杉存活数量异常稀少，因此，白豆杉被纳入我国特有世界濒危物种。

在我们常见的松树中，有的松树针叶细长、密集地生长在树枝上，比如白皮松、马尾松、油松等；有的松树针叶较为宽平，比如竹柏、罗汉松等。这些松叶的总体特征基本上大同小异。但是，鸡毛松天生奇特、与众不同，它的叶形或呈鳞状，或呈条状，呈条状的叶片还并排两列，犹如羽毛。这也是鸡毛松得此名的原因。

除了鸡毛松的叶子很具个性之外，它的果实也像罗汉松的果实一样，像一个圆嘟嘟的光头罗汉。这样的树，你说它不被称为“明星树”不是可惜了吗？话说回来，只凭借这一点就想当明星，那么我们也太小看鸡毛松了，殊不知，鸡毛松在中国是罗汉松属的唯一代表，鸡毛松在海南省中部地区也是大名鼎鼎，它被看做是海南省中部山地雨林的一个标志。也就是说，它是热带地区典型的树种之一。

因为鸡毛松通常生长在混交型的热带雨林中，在那里，我们不但可以看见鸡毛松的身影，还可以看到和鸡毛松一起生长的海南蕈树、橄榄、海南锥、红锥以及栲树等。

濒危种——三尖杉

三尖杉属于常绿乔木，叶子呈螺旋状生长，基部扭转排成两列状，近乎水平展开，为披针状条形，稍微有些弯曲，长有 5~8 厘米，宽有 3~4 毫米，从中间部分向上逐渐地变狭窄，顶部有长尖头，上面为亮绿色，中脉隆起比较明显，下面长有白色的气孔带；树皮为红褐色或褐色；种子在没有成熟的时候为绿色，成熟之后为紫色或紫红色，一般长 2~3 厘米。

三尖杉在中国的分布范围比较广泛，一般生活在半湿润的高原地区，这里的气温日变化量比较大，但是，三尖杉依然能够适应这么恶劣的环境。在常绿阔叶林中，即便是光照强度很差的地方，三尖杉依然能够正常地生长繁殖。三尖杉也可以生活在土壤贫瘠的玄武岩、变质岩、砂页岩等中。

然而，三尖杉自然繁殖的速度较慢，数量也极少。如今，由于生态环境的恶化，三尖杉进一步濒临灭亡的境地。那么，我们该如何才能保护三尖杉呢？这就需要从三尖杉生活的习性、繁殖特征说起。

首先，三尖杉生活的地带，常常伴随有大面积的常绿阔叶林。换

句话说，三尖杉喜欢生活在常绿阔叶林中。

其次，人类需要从物种的角度保护三尖杉。因为三尖杉的繁殖速度较慢，假如过度地砍伐三尖杉，就是在直接破坏三尖杉繁殖“后代子孙”。

再者，可以通过人工育苗、栽培以及引种等方法，大面积地繁殖三尖杉，从而保持三尖杉的植株数量增加。

特有种——百日青

中国云南省西双版纳傣族自治州，生长着一棵有 250 岁的百日青，这棵树身高 24 米，胸径 96 厘米，堪称中国最大的一棵百日青树。无独有偶，就在离它不到 50 米远的地方，还长着中国第二大百日青树，该树的年龄达到 200 多岁，身高 22 米，胸径在 65 厘米左右。如今，全世界大部分地区的百日青早已经灭绝了，庆幸的是，还能在中国见到如此古老的植株。

百日青属于常绿乔木，它主要生活在中国的浙江、福建、广东、湖南等地，在越南、印度、缅甸也有少量的分布。同时，分布在各地的百日青的种类还有所不同。

桃实百日青，分布于我国台湾南投县的日月潭一带的大森林中，属于我国台湾的特有植物，因为它的种子成熟的时候像是一个桃形，顶端有些歪，所以就给它取名桃实百日青。桃实百日青特别喜欢阳光，即便是强烈的阳光照射，对它也不会有丝毫损伤。台湾的台中县鞍马山上长着一种叫丛花百日青的植物，它也是台湾的特有植物，不过它却面临着即将灭绝的处境。

买麻藤纲大家族

关键词：买麻藤纲、攀援者、买麻藤、老寿星、百岁兰

导　读：买麻藤纲植物多为缠绕性、攀援性或上升性木质大藤本，换句话说，这类树种喜欢攀附着别的物体生长。在买麻藤纲下有一种特别的植物叫百岁兰，这种植物，不但极度耐旱，而且生命周期较长，堪称植物界的“老寿星”，故名百岁兰。

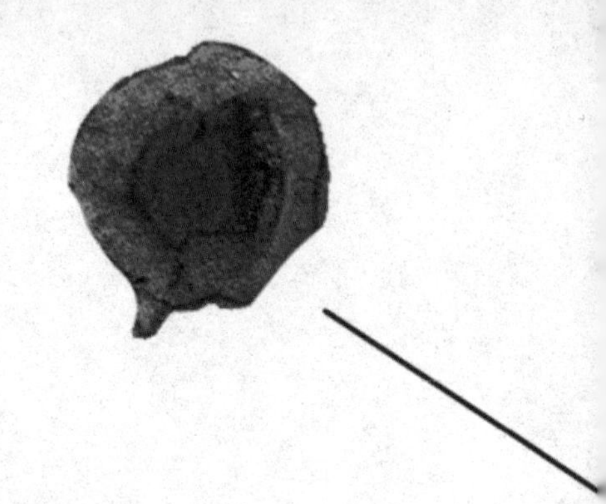

买麻藤纲家族小简历

现在通用的生物分类学分类方式是：域、界、门、纲、目、科、属、种。域是最大的，种是最小的。种也就是已经具体到生物的具体形态了。按照这样的分类法，我们来看看买麻藤纲的分类。按照正常的分类学，买麻藤纲下面应该分成3目，即买麻藤目、麻黄目和百岁兰目。买麻藤家族的植物只有3个属，它每个目下面只有一个科，一个科下面只有一个属，因此，有些分类方法干脆把目也省去了，直接叫买麻藤科、麻黄科及百岁兰科。这3科直接越过“目”那一级别，直接归买麻藤纲统管了。

说完买麻藤纲的分类方法，我们再来看看买麻藤家族的植物特征。买麻藤纲的植物相对于其他的裸子植物来说，进化得更加先进，木质部具有导管；有的叶片有肉质，而且很大，像是单子叶植物，有的叶片绿色扁平，像是双子叶植物；没有树脂道，孢子叶球长有类似花被的盖被，种子被包裹在由盖被发育而成的假种皮中。

买麻藤纲的植物一般为乔木、灌木和藤本，其中比较有代表性的植物当属买麻藤和小叶买麻藤。

攀援者——买麻藤

买麻藤还有一个别名，叫倪藤。这种植物并不是像树一样高大挺拔，直立生长的，它是一种像葡萄树一样缠绕，又像爬山虎一样善于攀援的植物。

买麻藤喜欢生活在热带雨林和季雨林当中，那里的气候温暖湿润，而且，砖红色、赤红色或黄色的土壤都很适合它生长。买麻藤的叶子为长圆形或者椭圆形，一般长度在10~25厘米，宽在4~11厘米，叶柄长8~15厘米。花是雌雄异株，也有极少数为雌雄同株。成熟的种子是核果状，形状为长圆形或卵圆形，长1.5~2厘米，外面包裹着红色的假种皮。

买麻藤有很多用途。它的茎皮含有韧性很好的纤维，可以用来制作绳索、麻袋或者渔网。它的种子可以直接炒着吃，如果你不想炒着吃，那就拿去榨油吧！

老寿星——百岁兰

1859 年 9 月 3 日，奥地利探险家、植物学家 Friedrich Martin Joseph Welwitsch 首次在位于非洲西南部的安哥拉沙漠中发现了一个新的生命，即后来命名为“百岁兰”的植物。

随后，人们又在与安哥拉沙漠毗邻的世界上最古老的纳米比沙漠发现了它的身影。

这种植物的外形并没有多么奇特，但是它竟然可以生长在极度干旱、年降水量不足 25 毫米的沙漠地带。而且它的叶片既宽大又肥厚，这决定着它将因为沙漠的暴晒而损失更多的水分。那么，它怎么不长成小叶或变成针状叶以保存水分呢？或者说百岁兰不需要水分吗？这一连串的疑问，实在令人匪夷所思。

带着这重重疑问和不解，科学家对百岁兰进行了一番仔细研究，终于揭开了这个令人百思不得其解的难题。原来百岁兰并非不是靠天然降水，而是通过两种途径获取水分：

首先，百岁兰的叶子除既宽大又肥厚之外，还比较长，有些百岁兰的叶子长达 10 余米，宽达 1 米。正因为百岁兰的叶子表面积较

大,它可以通过叶子上的“气孔”不停地吸收空气中的水分。原来百岁兰生长的沙漠地带，大都离海洋比较近。距离海岸线 80 千米左右的多雾区,是百岁兰主要生长的地方。由此推断,从海洋飘过来的水汽或雾气,会在百岁兰的叶面上凝结成水珠,百岁兰便借助这“天赐良机”来采集水分。

其次,百岁兰的根茎也比较特殊,它裸露在地面的茎干最多不会超过 50 厘米,根系却十分发达,它的根系一般在 3 ~ 10 米,最长可达 30 米。如此长的根系,保证了百岁兰可以从地下汲取水分。遗憾的是,百岁兰的须根系不太发达,一旦它的主根受伤,百岁兰就很容易死亡。

正是这两大因素，才使得百岁兰可以自由自在地生活在沙漠，并千年不倒。

科学家在研究百岁兰如何能够生长在干旱少雨的沙漠中时,还有一个意外收获：科学家用放射性同位素碳 14 测试百岁兰以后，发现其平均寿命可达数百年，有一些百岁兰甚至可以活到 2000 岁,堪称植物界的“老寿星”,故得名“百岁兰”。

百岁兰的神奇不止如此！我们常说:“松柏常青,永不凋落。”这其实只是一种假象。松柏在生长的过程中也是落叶的,它的老叶枯萎掉,紧接着新生叶就长出来顶替了老叶。对此,我们平时只是没有仔细观察，才没有发现而已。

事实上，大多数所谓的常绿植物都在进行着新陈代谢的规律——新旧交替。百岁兰的神奇之处就在这里，它一辈子只生长两片叶子，这两片叶子将会伴随百岁兰一生，比如百岁兰植株活 100 年，这两片叶子也活 100 年，植株活 2000 年，意味着这两片叶子 2000 年不凋零！因此百岁兰的叶子又称“百岁叶”。

百岁兰叶子青春永驻的秘密，在于它的叶子基部有一条分生带，其细胞有分生能力，会不断产生新的叶片组织。当叶尖部枯萎时，新的分生细胞又长出新的叶片组织，何况这些细胞也在不断地更新。

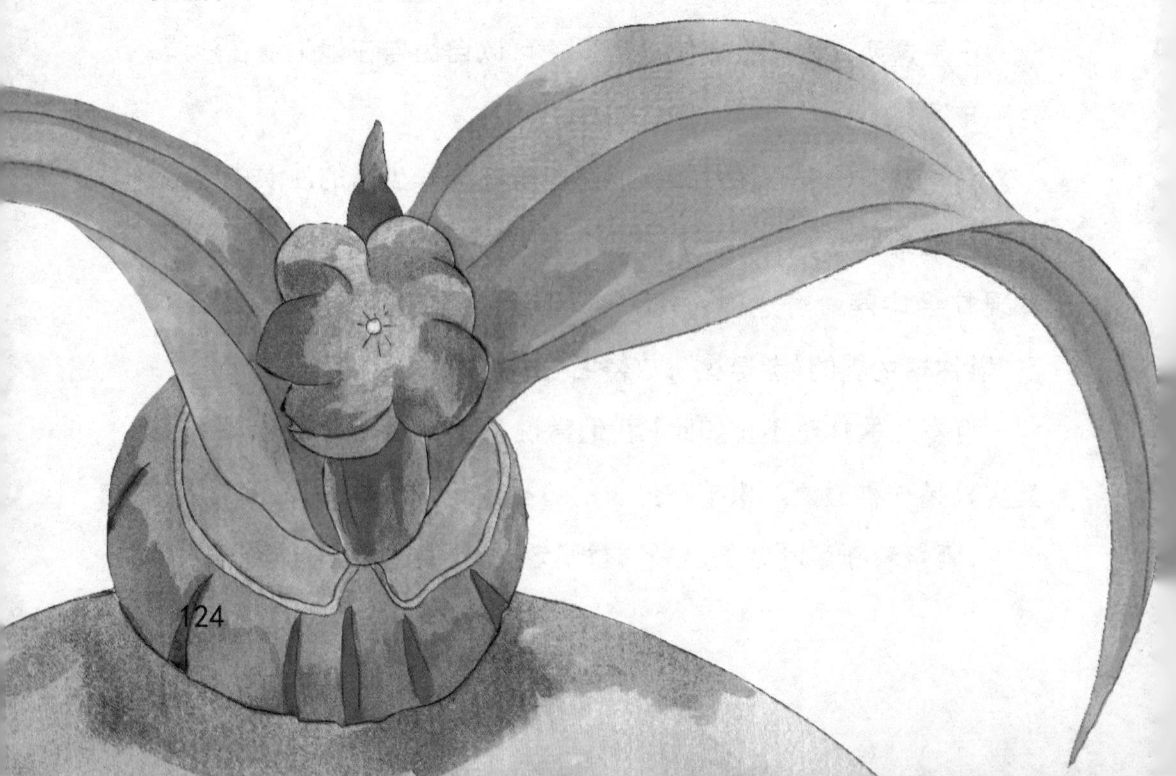

世界五大庭园树木

关键词：世界五大庭园植物、金钱松、雪松、巨杉、金松、南洋杉

导　读：在裸子植物门中，有五大树种被誉为“世界五大庭园树木”，它们分别是：“端庄秀美的大家闺秀”金钱松、“雍容华贵的树皇后”雪松、“英姿飒爽的将军树”巨杉、“穿着华丽的千金大小姐”金松、“装点庭园的美男子”南洋杉。

端庄秀美的大家闺秀——金钱松

作为世界五大庭园树木之一的金钱松，树干苍劲挺拔，树冠雄伟壮观，就像是一座直上云霄的宝塔。其叶子到入秋的时候，会由绿色逐渐变成金黄色，看上去更加美丽动人。

虽然金钱松看起来雄壮，事实上，从整株金钱松来看，它的树姿却很端庄秀美，宛若一位大家闺秀，令人品味无穷。

金钱松的树枝干有两种：长枝和短枝。叶片在长枝上呈螺旋形状散生；而在短枝上的叶子却喜欢三五成群结伴簇生在一起，并向四周辐射，状如圆形，犹如铜钱。这也金钱松名字由来的原因。

这样一位端庄的美人，你知道它生长在哪里吗？告诉你，金钱松是中国特产树种，也是全世界唯一的。那么它又是如何存活下来的呢？这还要从远古时期说起。

科学家曾在位于西伯利亚东部与西部的晚白垩世地层中发现了目前已知最早的金钱松化石，随后，科学家又在斯匹次卑尔根群岛、欧洲、亚洲中部、美国西部、中国东北部以及日本等地的古新世（距今 6500 万年～距今5300 万年）至上新世（距今 530万年～距今 180 万年）的地层中也发现了它的化石。这些化石的发现，证明金钱松曾经在这些地区都生长过。可是到了更新世（更新世，地质年代名称，距今 260万年～距今 1 万年）时期，冰川时代来临，科学家也把这一时期称为“第四纪冰川”时代。这一时期，冰川很不稳定，整个地球环境和气候都发生了巨大转变，这一时期，大量哺乳类动物要么迁徙新家，要么被冰川覆盖死亡，乃至灭绝。

金钱松正是在这一时期，被冰川覆盖掩埋，最终沉入地层，并成为化石。当其他地方的金钱松相继灭绝之后，能够存活下来的只有生长在中国长江中下游地区的金钱松了。正因为这个因素，我国把金钱松纳入了国家二级保护植物。

也许历经过冰川洗礼，经历过大苦大难，金钱松练就了一身坚强的抗击能力，它抵抗大自然的本领极其高强，既然能在冰川时代存活下来，那么也不怕火来烧，金钱松堪称“防火高手”。假设金钱松在森林中遭遇了火灾，即便它被烧得面目全非，甚至主干都严重受伤，到了下一年春季，它依然可以生根发芽，恢复原来的苍翠。

雍容华贵的树皇后——雪松

裸子植物门松柏目下有一个松科植物，松科之下又有一个雪松属。雪松属植物属于常绿乔木，树干高达 60~80 米，胸径为 3~4.5 米，树冠像尖尖的铁塔，一些比较大的树枝都是平展开来的，而一些小的树枝微微下垂。叶子比较坚硬，顶端又尖又细，像针一样，为淡绿色或蓝绿色。树皮为灰褐色，会裂成鳞片，在老的时候剥落。雪松一般会在每年的 10~11 月开花，到了第二年的 10 月果实才会成熟。果球为椭圆至椭圆状卵形，颜色为赤褐色，成熟的时候，种鳞和种子会一起掉落。

事实上，雪松属一共才 4 个种类，它的名字分别以地名或叶形命名：大西洋雪松、短叶雪松、黎巴嫩雪松和喜马拉雅雪松。大西洋雪松、短叶雪松、黎巴嫩雪松的老家位于地中海地区，而喜马拉雅雪松的老家则在喜马拉雅山地区，这一地区包括中国、阿富汗和印度。

生长在地中海沿岸地带的雪松，一般在海拔 1000~2200 米处；生长在喜马拉雅山地带的雪松，一般在海拔 1500~3200 米处。这个海拔高度，表明气温极低，不言而喻，雪松是极度耐寒的植物之一。

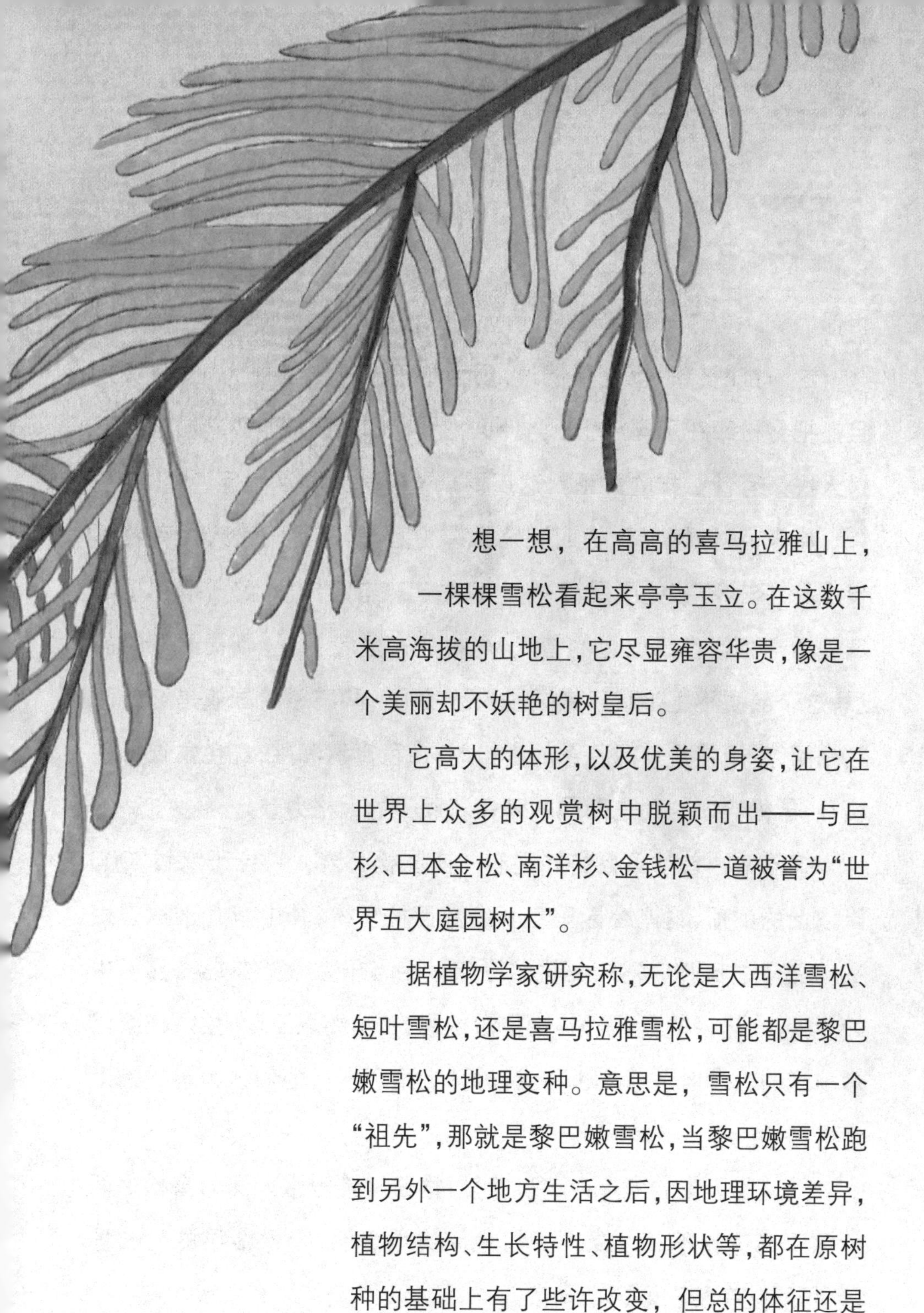

想一想，在高高的喜马拉雅山上，一棵棵雪松看起来亭亭玉立。在这数千米高海拔的山地上，它尽显雍容华贵，像是一个美丽却不妖艳的树皇后。

它高大的体形，以及优美的身姿，让它在世界上众多的观赏树中脱颖而出——与巨杉、日本金松、南洋杉、金钱松一道被誉为“世界五大庭园树木”。

据植物学家研究称，无论是大西洋雪松、短叶雪松，还是喜马拉雅雪松，可能都是黎巴嫩雪松的地理变种。意思是，雪松只有一个“祖先”，那就是黎巴嫩雪松，当黎巴嫩雪松跑到另外一个地方生活之后，因地理环境差异，植物结构、生长特性、植物形状等，都在原树种的基础上有了些许改变，但总的体征还是

相似的。

这一推断似乎也合乎情理，因为黎巴嫩把雪松视为“国树”，并且还把雪松印在了国旗上。为什么把雪松印在国旗上？雪松与黎巴嫩人民又有什么样的关系？这还要从黎巴嫩的国家命运说起。

原来，黎巴嫩也曾长期被殖民者统治，但是黎巴嫩人民有着不畏强暴、坚韧不拔的国民精神，他们站起来奋起抗争，终于取得了国家独立。生活在高山上的雪松，同样具有坚毅不屈、不畏严寒的品质，这个品质不正是黎巴嫩国民的品质吗？黎巴嫩的国旗是红白两色相间，中间就是一棵苍翠的雪松树。白色寓意和平，红色象征牺牲精神，雪松代表的则是国民的坚韧和顽强的人格力量。

黎巴嫩的首都贝鲁特地区有一座雪松公园，它位于海拔2000米以上的山顶，这座公园里生长着数百株雪松，其中有几十株雪松的树龄高达6000多岁，据说这个年龄相当于宗教圣典《圣经》诞生的年龄，而巧合的是《圣经》中把雪松视为“植物之王”。生活在黎巴嫩地区的古代腓尼基人也称雪松为“上帝之树”，他们认为雪松是上帝种植的。

从这些历史的碎片中，我们可以推断出黎巴嫩人民与雪松之间的深厚情谊和不解之缘，同时，也间接地表明，雪松最早的生长地区，可能就在黎巴嫩这个国家。

英姿飒爽的将军树——巨杉

在树木中，其种类不下几万种，而且身怀绝技者、高大挺拔者、端庄秀美者、奇形怪状者，不胜枚举。这些数以万计的树种，构成了地球上的丛林海洋。它不仅以自己的族群组成一个庞大的绿色生物圈，而且还为动物世界提供了必要的物质基础和生命元素！

其中最为受益的当属人类，人类既可砍伐这些林木作“栋梁之材”或“舟楫之便”，还可以从它的身躯上获取食物，即使已经消亡的树木，也还在源源不断地为人类贡献石油、煤炭等能源。

因此，人类最当感谢的就应该是这些植物了。也许真的在“感谢”，因为拜“树大为神”的心理，也曾经或正在我们身边发生。

大树、巨木，你可能也见过，我国的一些原始森林和山区中就不乏大树、巨木的身影。在海南霸王岭上，你可以看到年龄高达 1500 岁，身高 30 多米、胸径 2.28 米的陆均松，陆均松被誉为“霸王岭树王”，也是“海南树王”；在素有“大树华盖闻九州”之称的浙江天目山上，也生长着一棵高达 30 米、胸径 2.33 米的柳杉树，这棵柳杉曾被清朝皇帝乾隆御封为“大树王”；在贵州习水，有一棵高达 45米、胸径 7.3 米的杉木，被当地人称为“神杉”；在西藏雅鲁藏布江畔，生长着一棵树龄 2000 余岁，高达 50 米、胸径 6 米的巨柏，也被称为“神树”；在我国台湾北插天山上，生长着一棵身高达 60 多米，胸径 6.5 米的红桧，被称为“亚洲树王”和“神木”……

套用一句民间俗谚：“山外有山，树外有树。”这些曾经在我国风光一时的大树、巨木，又封王，又封神，在一个小圈子又称王，又称霸，可以；但是，如果把它放在整个地球的树木族群中，它就不敢这么牛气，与远隔重洋的美国巨杉相比，这些“神木”、“树王”只能屈居其下了。

巨杉产于美国加利福利亚内华达山脉西部地区，由于其树皮呈纵裂红褐色的特征，与该州的树种北美红杉一道被称为“红杉”，并同时获得“世界爷”的称号，也就是树中的爷爷辈级别，先前讲的那几种神木、树王见了它都得叫声“爷爷”。

获此殊荣也的确名副其实，截至目前，还存活着一棵世界级别的巨杉，它有个特殊的名字叫“谢尔曼将军”。“谢尔曼将军”身高达 83.8 米，基部直径 11.1 米，树干围长 31.1 米。

科学家曾根据巨杉木材的比重，测算出这棵“谢尔曼将军”重量达 2800 吨。2800 吨是个什么概念?也就是说，它的重量相当于 450 头非洲象加在一起的重量，换言之，该树相当于海洋最大动物蓝鲸

15 头加在一起的重量。如此重量与高大，作为世界级树王当之无愧。

如今，这棵巨杉被美国政府保护了起来，它就矗立在位于内华达山脉西部的巨杉国家公园中。

保护它的原因，也是事出有因。在 19 世纪的时候，美国人大量砍伐巨杉，一些甚至比“谢尔曼将军”还高大的巨杉也在被砍伐之列。这种巨杉树的急剧减少，引起美国人民和美国政府的忧心，这才对还存活着的“谢尔曼将军”进行特别保护。

穿着华丽的千金大小姐——金松

金松是现代孑遗植物之一，属于常绿乔木，个头比较高大，它的树枝平展而短小精悍。它的叶形有两种，一种形状比较小，散生于嫩枝上，呈鳞片状排列，被称为鳞状叶；还有一种聚集在枝梢，为轮生状，每轮有 20~30 片叶子，长 5~16 厘米，宽 2.5~3 厘米，颜色为亮绿色。球果在花开之后的第二年成熟，呈卵状的长圆形，有 6~10 厘米长。

金松还有一个名字叫日本金松。此名表明了金松的出身地。它主要生长在位于日本的和歌山县东北部的著名佛教圣地高野山上，这一点倒也符合寺院常常与松柏树种结伴的风俗习惯。

中国的古代建筑，特别是寺院、宗庙之地，常常可以看到年代久远的古老松柏树种，那苍劲而又略显老态的松柏，给亭台楼榭添加了不少的历史沧桑之感。可以说，作为松柏植物，与中国的传统文化与习俗已经密不可分，融为一体了。而日本文化又多崇中国唐代文化，可以这样说，如今的日本保留的唐代风韵，要比中国更浓。那么，你也就会知道在高野山这样一个宗教圣地，生长着树干高达40 米、

胸径3米的金松的历史成因了。

假设站在高野山上，那一片金松树林，是如此多娇、优美。它的树冠，远远望去像是一把撑开的大雨伞；如果走近看，它的枝叶又像一把倒立的小雨伞。它的叶子比较鲜艳，在绿色的叶子中镶嵌着一条黄沟条纹，再配上红褐色或褐色的鳞叶，显得如此精致、绚丽、多彩，犹如一位穿着华丽锦袍或丝绸的“千金大小姐”。正因为这种极高的观赏价值，它与雪松、南洋杉被誉为“世界三大庭院观赏树种”，又与雪松、金钱松、南洋杉、巨杉构成“世界五大庭园树木”。

如此优美的观赏树种，自然被世界各国看中，并纷纷引进。

1935年，金松从东向西，远渡重洋，从日本来到中国，在位于海拔高度1100米的江西植物园安家落户。自此伊始，金松开始向中国各地分布。今天，在我国的青岛、庐山、南京、上海、杭州、武汉等地，皆能见到这位华丽“千金大小姐”的身姿。

金松除作为观赏树种，还是一种防火树呢！原来，这种树体内含有很多的水分，树皮中还有一层致密的木栓保护层。如果发生大火，树木可以利用蒸腾散热和辐射散热的方式，降低自己体内的温度，起到一定的耐火性，大火就拿它没辙了。日本人懂得了金松的防火原理，常常将金松种植在防火道旁边，一旦发生大火，金松就会使用它的防火本领，阻止火势的蔓延。

装点庭园的美男子——南洋杉

在风景秀美的澳大利亚诺和克岛上,生长着一种高达70米、胸径1米以上的南洋杉。

南洋杉还有很多别名:鳞叶南洋杉、尖叶南洋杉、肯氏南洋杉、花旗杉等。不止如此,南洋杉属植物也是一个多名字的树种,有从叶子形状命名的,比如叫异叶南洋杉、小叶南洋杉、大叶南洋杉等;有根据南洋杉的属地命名的,比如叫英杉、澳杉、诺和克杉、智利南洋杉等;还有根据南洋杉整株形态进行命名,比如叫塔式南洋杉等。

南洋杉属于亚热带常绿乔木树种。自然生长的南洋杉主要生活在南纬27度。由于它的优雅、美观,成为广受欢迎的观赏树种。因此,它被人类带到了地球上的更多地区,如今在北纬27度的地域,也能见到婀娜多姿的南洋杉的身影。

值得一提的是,幼年的南洋杉与成年的南洋杉的体形完全两样:南洋杉童年的时候,它的树冠是尖塔形,到老了的时候,树冠会变成平顶形;童年的时候,它的树叶排列疏松、展开,形状呈锥形、针形、镰形或三角形,到老了的时候,树叶排列紧密,形状呈卵形或三

角状卵形。

姑妄言之,也许,这一切都源于幼年的南洋杉活泼好动,无拘无束,想伸展开腿脚,呼吸一下大自然的空气和雨露吧;而老年的南洋杉,历经风吹雨打,学会了内敛含蓄,叶子紧密地凑集在一起,以彰显它的成熟与稳重吧!

裸子植物对人类的贡献

关键词：裸子植物对人类的贡献、制造家具、建造房屋、造纸、食物

导　读：裸子植物的存在不但维护了地球的生态平衡，而人类亦从裸子植物身上源源不断地获取诸多资源。

裸子植物与人类

自然界中生活着各种各样的裸子植物，这些不同种类的裸子植物有着各自的优点。正因为它们优点不同，人类才能利用其所长各尽其能。如今，裸子植物已经与人类的生活有着密不可分的关系了，也可以说，人类的生活离不开裸子植物。那么，裸子植物到底给人类作出了哪些贡献呢?

裸子植物的大部分树种都长得高大挺拔，它的木质也都很细密，可以拿来当做房屋建造的上好木材；柜子、箱子等家具，也都可以用裸子植物来制作。生长

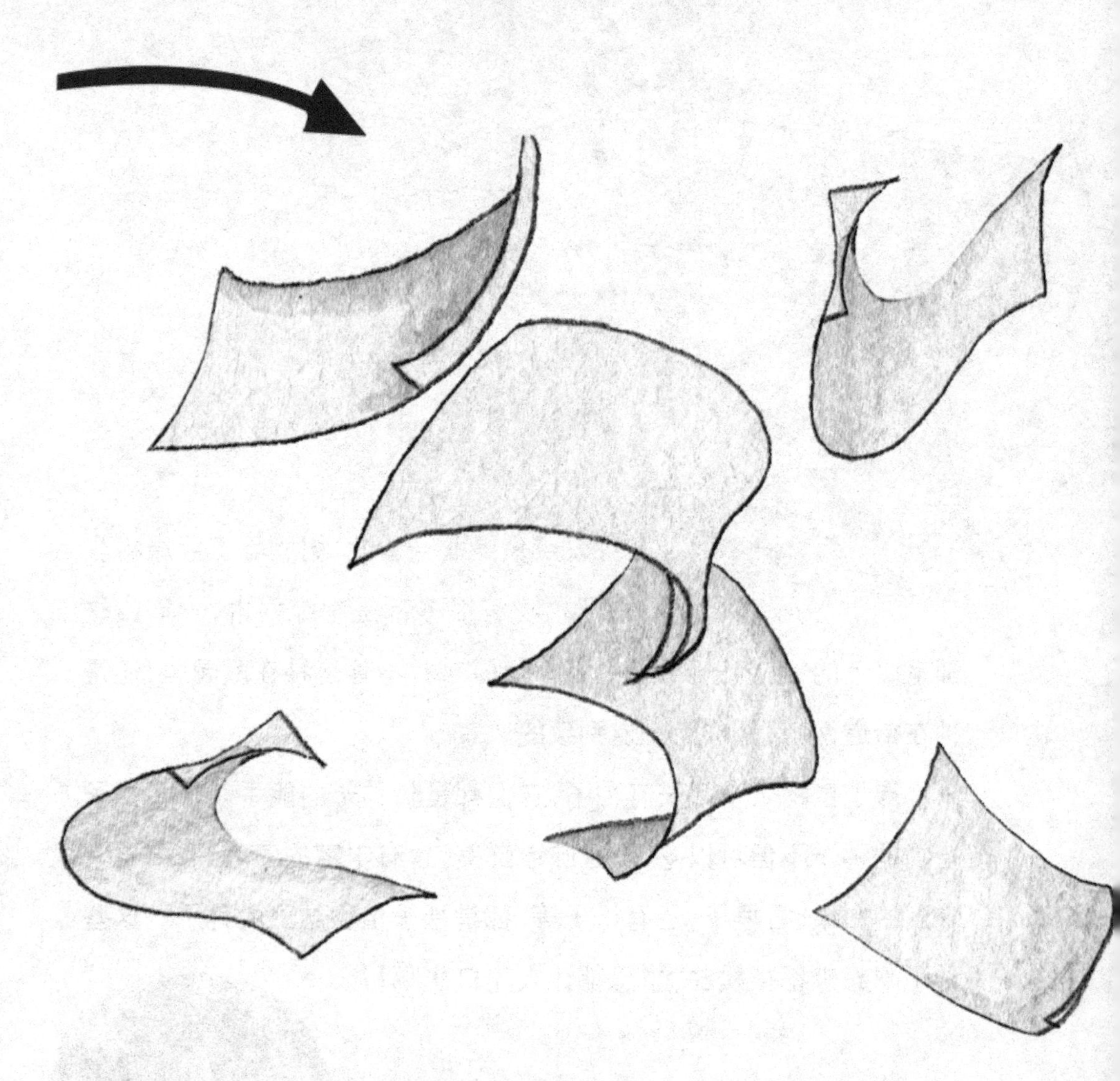

在我国的南方杉木和北方红松,都是制作家具和建造房屋不错的首选木材。

知道你现在看着的书是用什么做成的吗?没准就是用裸子植物的木材纤维做成的。在工业上,人类发现了裸子植物的木质纤维可以用于制作纸张,就从裸子植物中获得大量的木质纤维,才有了今天那些无穷无尽的图书。裸子植物在工业上不仅仅只用于造纸,还

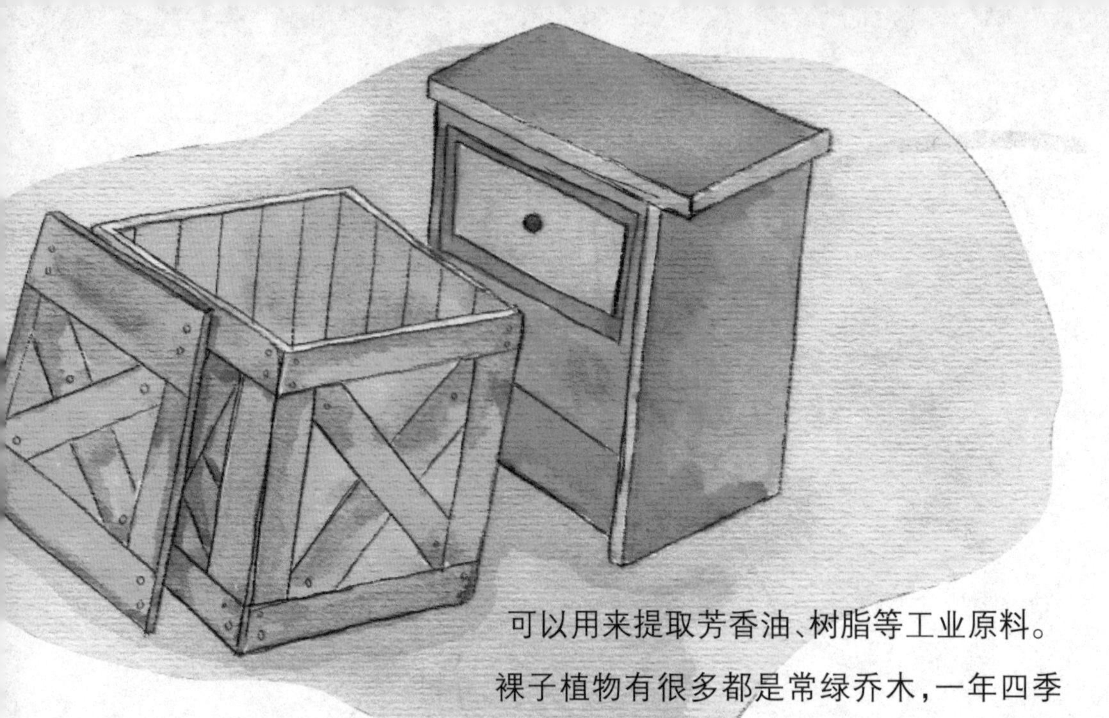

可以用来提取芳香油、树脂等工业原料。

裸子植物有很多都是常绿乔木，一年四季都是绿色的，它们千姿百态。作为观赏树，不管是种在庭园里，还是种在街道两旁，都成为一道别致的风景。

裸子植物个个都长有种子，它们都是长种子的能手。很多裸子植物的种子不但可以吃，而且味道鲜美，含有丰富的营养。我们平常吃到的白果、香榧子，还有松子等，都是裸子植物结出的种子。这些种子吃起来都很松脆，想想都让人流口水哪！